台灣放輕鬆

台灣放輕鬆

台灣放輕鬆

台灣放輕鬆

TAIWAN

台灣放輕鬆

take

it

easy

台灣放輕鬆 7
產業台灣人

總策劃：莊永明
撰文：林滿秋
漫畫：曲曲
歷史插圖：陳敏捷

監修：曹永和、許雪姬、張勝彥、吳密察、謝國興
副總編輯：周惠玲
執行編輯：陳彥仲
編輯：葉益青、黃嬿羽
圖片翻拍：徐志初
攝影：陳輝明、徐志初、宋依婷
美術總監：張士勇
美術構成：集紅堂廣告

發行人──王榮文
出版發行──遠流出版事業股份有限公司
台北市100汀州路3段184號7樓之5
郵撥 / 0189456-1
電話 / (02)2365-1212　傳眞 / (02)2365-7979

香港發行　遠流（香港）出版公司
香港北角英皇道310號雲華大廈四樓505室
電話2506-9048　傳眞2503-3258
香港售價　港幣107元

著作權顧問──蕭雄淋律師
法律顧問──王秀哲律師、董安丹律師
2001年10月1日　初版一刷

行政院新聞局局版臺業字第1295號
售價320元（缺頁或破損的書，請寄回更換）
版權所有‧翻印必究　Print in Taiwan
ISBN 957-32-4489-6
YLib遠流博識網
http：//www.ylib.com　E-mail：ylib@ ylib.com

產業台灣人 7

總策劃／莊永明

監修／曹永和、許雪姬、張勝彥、
　　　吳密察、謝國興
文／林滿秋
漫畫／曲曲
繪圖／陳敏捷

Take it Easy

Portraits of Industrial Economics in Early Modern Taiwan

目　錄

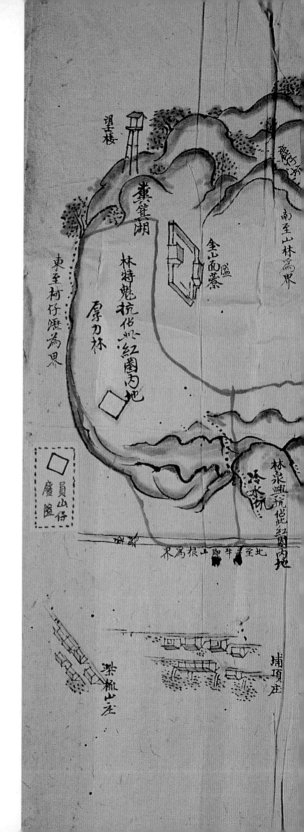

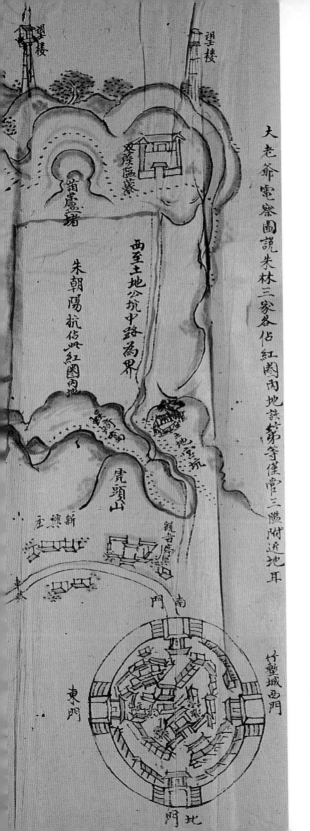

大老爺電察圖說朱林三家各佔紅園內地訣第等僅當三瓜附近地耳

竹塹城西門

望樓

望樓

雙溪匯築

苗巖嘴

西至土地公坑中路為界

朱朝陽抗佔此紅園內地

地�坑

虎頭山

新埤庄

觀音庄

南門

東門

北門

◀ 這是1776~1895年間淡水廳、台北府及新竹縣的行政司法檔案（今通稱「淡新檔案」）中的附圖之一。圖中的紅線是清政府用來畫分漢人與原住民活動空間的分界線，稱做「土牛線」。清政府為了防止漢人侵占原住民的土地，便以挖溝堆土的方式，標記原漢之間的界線。而所挖出的土石堆在溝旁，形狀像一隻橫臥在地上的牛，因此稱為「土牛」。

總序

莊永明

閱讀歷史，會是一種沉重的負擔嗎？

　　了解歷史人物，會是一種困難的事情嗎？

　　放輕鬆！

　　請靠近一點，翻一翻這套書；你會發現歷史並不生澀，歷史也絕不難懂，歷史更不是「遙不可及」的事。

　　你會覺得歷史人物絕不是「神主牌」，更不是不食人

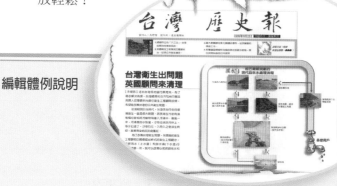

編輯體例說明

【台灣歷史報】
帶你回到過去，見證歷史news化

【Q & A】
挑戰你的「哈台」指數

【老廣告】
給你新古董的台灣味兒

間煙火，何況你所要貼近的是台灣人物，你所要明瞭的是台灣歷史。

沒有錯，就從這時候開始，讓我們走進時光隧道，讓我們回顧歷史長廊。

學習歷史，最快的入門方法是閱讀傳記；正如史學家羅斯（A. L. Rowse）所說的一句話：

「閱讀傳記是可以學到許多歷史的最便捷方法。」

【延伸閱讀】
◇《工學博士長谷川謹介傳》，1937出版（本書為日文資料，長谷川死後由其舊部屬製作出版，目前本書收藏於成功大學圖書館）。

【延伸閱讀】
提供深入資訊

【人物小傳】
告訴你有趣的軼聞故事

【舊聞提要】
打通你的任督二脈，變成全方位台灣通

朱一貴年表
1688~1721

1688
●朱一貴出生於福建漳州府長泰縣。

1713
●朱一貴來到台灣，時年26歲，於府城（台南）台廈道衙門打雜。不久離職，轉往大武汀幫人種田度日，並以養鴨發跡。

1721
●4月19日，因台灣知府王珍苛酷擾民，朱一貴

【年表】
從時間軸認識個人

讓我們從「三分鐘認識一位歷史人物」開始吧！

　　歷史教育是積累土地上世世代代先人的生活經驗；台灣歷史在威權時代，總是若隱若現的，甚至是「啞劇」。本土歷史人物自然也「難見世面」。

　　台灣邁進民主時代後，國民中小學才開始有了「鄉土教學」、「認識台灣」、「母語教育」等課程，然而在倉促間推出「本土」文化的教學，到底能喚醒多少人的歷史記憶和土地的認同？

　　台灣歷史人物，不論是原住民、閩南人、客家人，或外省人、外籍人士，只要在這塊土地流汗、流淚、流血奮鬥、奉獻，都是這套書選材的對象，為著在「歷史長廊」有著連貫性的互應，本套書也依學術、文學、美術、音樂……做為分類上的貫連，每一位人物且透過「台灣歷史報」去探索時空背景，因此這不僅是傳記書，也是歷史書。

　　胡適在其《四十自述》中盼望「添出無數的可讀而又可信的傳記來」，【台灣放輕鬆】系列當然也有這樣的企圖，僅是做為一種「入門書」，其最主要的意義還是導引大家對台灣人物、台灣歷史的興趣，相信有了此「紮根」的歷史教育，社會倫理、自然關愛也必落實。

　　祈盼台灣在積極打造成為「科技島」之餘，也不忘提升為紮實於本土歷史認知的「人文島」，台灣才不致沈淪。

企業家精神

謝國興

產業的定義應該是與時俱進的，不過不脫生產與販賣兩大端。

以台灣的經驗來說，在生產方面，早期產業以農林相關生產為主，所以農業墾戶、地主、山林開採者是主要的業戶。到了清末日治初期，農林加工產品如茶葉、製糖、樟腦、釀酒等，成為主要產業，帶有工作坊生產的性質。日治後期至戰後初期，紡織、鋼鐵等具備現代工業性質的產業才進入時代舞台。

在販賣方面，自古至今商貿活動隨人類文明而存在，工商兼營的人也不少。台灣原富漁鹽之利，以水產致富者少見，但民間因賣鹽而致富者，清代最著名的例子是台南府城的吳尚新，日治初期則有辜顯榮。

開墾致富是早期素封家的主要型態，或者是經商致富後購買土地，或為大地主，收取石租，累積資本，再投資於工商業或購置更多土地，總之，都與

台灣的採礦業在日治時期曾盛極一時。圖為顏氏兄弟所經營之台陽礦業位於板橋海山地區的礦坑與事務所。

土地生產力有關。施世榜、吳沙、林平侯、張達京、姜秀鑾、黃南球都是這一類型的代表。

林朝棟與林熊徵分別是霧峰林家與板橋林家的後代，本身不是創業者，但仍屬地主階層，林朝棟以武功著名，產業方面只有傳統地主的守成；林熊徵則有現代金融開拓的意義，不但創辦華南銀行，也投資許多事業。

顏雲年、顏國年兄弟是早期台灣產業界中比較少見的以採礦起家，進而投資其他生產事業的家族；李春生、吳文

秀以經營茶葉致富，王雪農、陳中和以經營糖業著名，黃純青釀酒，蔡萬春早期釀造醬油，侯雨利、吳火獅賣布、開織布廠，唐榮開鐵工廠，均屬工商兼營。辜顯榮、陳中和固然靠日本政府的特許在商場上發跡，但產業的不斷增值擴大，仍與個人經營才幹息息相關。

台灣的製糖業可遠溯到荷蘭時期。由於台灣南部的土壤與氣候適宜種植製糖的原料──甘蔗，荷蘭東印度公司便設計一套開墾方案，並從外地引進已馴養的牛隻來進行開墾工作。圖為早期台灣中南部隨處可見的糖廍。

陳炘是台灣金融業中本土資本的經營代表，在日治時期，受限於時代環境，大東信託（1944年併入台灣信託）的經營表現平平，二次戰後台灣信託重新出發，可惜228事件發生，陳炘失蹤，無法驗證其經營長才。

單靠土地作為主要生產工具，賴收租致富的資產家，最容易「富不過三代」。地主階層而又擅於投資其他工商業，家業才比較可能永續經營。辜顯榮的後代經營有成，目前的和信集團（辜振甫領軍）仍是台灣排名在前的重要企業集團，企業傳承到了第三代。侯雨利的孫子輩（第三代）目前仍是台南幫的大股東，以守成為主。蔡萬春的直系產業已消失，倒是他的兩個弟弟蔡萬霖（霖園集團）與蔡萬才（富邦集團）兩家

族仍活躍於台灣工商產業界。吳火獅的新光集團目前傳承到第二代，算是還年輕的集團。至於本書所介紹的其他產業人物的後代，已無產業傳承可言。換句話說，大約只有三分之一的人還擁有經營中的產業，若論其中能夠真正掌握企業主導權或經營權，並在現代台灣產業界占有主要地位的，不過辜顯榮、蔡萬春、吳火獅三家族而已。

開創與冒險精神、不畏艱難、勤儉誠信、打拼與毅力，是任何時代的任何產業經營者都必需具備的條件，也可以說是企業家精神。這種精神是企業成功

鄰近淡水河的大稻埕，由於具備便利的水運交通，曾經是台北最繁華的商業中心。圖為今日的大稻埕碼頭一帶。

的要件，也是時代進步的重要動力。我們看本書中所介紹的「產業台灣人」，每一個都有這種特質。有些產業經營者，其事業及身而止，愈早期與土地生產力相關的資產擁有者，這種例子愈多。能夠轉投資從事多種行業經營，或聘用專業經理人從事經營的資產家，永續經營的機會通常比較大。日治時期以降的一些產業創始人比較能夠掌握這個原則，產業存續的也就多一些。

企業經營的理念與策略必須隨時代不斷調整，才能傳承不斷。現代的企業競爭比過去更嚴苛，企業家族的起伏比起過去，頻率更高。本書所介紹的人物，僅及戰後初期的少數台灣籍人物，雖然已具有相當代表性，但若要明瞭戰後台灣經濟與產業的全面起動，尤其是50至60年代的關鍵性改變，則不少來台的外省籍企業家是不容忽視的，我們希望不久的將來可以看到本書的續篇，相信會有更多精彩的故事。

台灣經濟奇蹟輕鬆讀

莊永明

產業，是資財、土地等等的總稱，「產業台灣人」當然是指在拓墾以及農、礦、工、商等經濟事業上，有卓爾不群成就的台灣人。

自從漢人入墾台灣以來，拓土闢園、經營貨財，以致揚名顯貴者不在少數，然而在連雅堂《台灣通史》卷35的〈貨殖列傳〉裡，卻僅僅列了陳福謙、李春生、黃南球3人而已，頂多也只再兼述他的岳父沈鴻傑，人數之少，連5隻手指都數不滿。為何如此呢？從連雅堂的前言，可以窺知一二：

「台灣為農業之國，我先民之來者，莫不盡力畎畝，以長育子孫，至今猶食其澤，而經營商務，以操奇贏之利者，頗乏其人；以吾思之，非無貨殖之材也，政令之所圍、官司之所禁，雖有雄飛之志，亦不得不雌伏國中，以懋遷（交易）有無而已。」

他的意思是說，台灣並非沒有產業經營人才，而是受到政令限制和官府的束縛，讓人難伸其志。

其實《台灣通史》的〈商務志〉裡也說到，台灣「商務之盛，冠絕南海」，所以，能擺脫政府監視、突破政令緊防，而「多財善賈，雄視市鄽」的產業台灣人多矣！雖然有人批評「無商不奸」，但他們各逞其能，創造「台灣經濟奇蹟」，因此還是有記傳的必要。

清治台灣的初期，政令僅及於台灣縣（今台南）與附近地方，直到 1721（康熙60）年朱一貴事件平息之後，台灣增設了彰化縣及淡水縣，理番和開山、拓墾事業才開始趨向積極。18世紀初，台灣中部的移民漸增，有從南部北上的大墾戶，也有從唐山來的「新移民」。泉州人施世榜和客家人張達京是當時中部地區的拓墾代表人物。其中，施世榜引濁水溪興築施厝圳，灌溉境域有八堡之廣，占彰化平原大半；而張達京與岸裡社土官潘敦仔簽訂「割地換水」合約，取得土地，並結合當地大墾戶，引大甲

20位產業台灣人的主要活動區域

李春生、吳文秀
辜顯榮、吳火獅
蔡萬春

林平侯
林熊徵

姜秀巒

黃南球

陳 炘、辜顯榮
林朝棟、張達京

辜顯榮
施世榜

侯雨利
王雪農

陳中和
唐 榮

顏雲年
顏國年

吳 沙

基隆
台北
桃園
新竹
苗栗
宜蘭
台中
彰化
南投
花蓮
雲林
嘉義
台南
高雄
台東
屏東

溪建築葫蘆墩圳，灌溉台中盆地。

其後，「唐山過台灣」的移民潮以乾隆年間最盛，桃竹苗的拓墾便是在這個時期。其中，姜秀巒和周邦正等閩粵族群合組「金廣福大隘」，一同開發北埔，立下族群合作的典範。晚清時，與北埔姜家聯合組成「廣泰成墾號」的黃南球，則是開發苗栗內山的功勞者。

後山蛤仔難（今宜蘭）的開拓，漳州人吳沙的居功甚偉。他招募閩粵移民千餘人至後山開墾，因此有「開蘭第一人」的美譽。

板橋林家和霧峰林家是台灣鼎族。其中，北部「林本源」家族的開基人是林平侯，他原出身米店學

日治時代的紅頂商人辜顯榮的舊宅，位於今台北市歸綏街。

徒，後來自立經商發財，置田買地更是富上加富，林家年收租穀40餘萬石，富甲北台。中部林家的崛起，源於帶領台勇抵禦太平天國革命軍的林文察，但將家業發揚光大的，則是率領鄉勇拒抗法軍侵台的林朝棟，他在劉銘傳犒賞下，獲全台樟腦專賣權。

樟腦、茶、糖，合稱「台灣三寶」，是外銷名產。清末茶葉產銷的據點在台北大稻埕，當地兩位茶商李春生和吳文秀都是具有國際觀的商人，李春生還是位思想家，而吳文秀則是中國革命的贊助人。

日治時代，製糖產業邁向現代化，經營糖廠是一項利多的投資。王雪農、辜顯榮、陳中和和板橋林家都是想吃「甜頭」的人。其中，王雪農是最先引進現代化製糖設備的人，而辜顯榮、陳中和和林熊徵等「紅頂商人」，則靠著與殖民政府的良好政商關係而獲取專賣特權。

台灣礦產的開採，以台陽煤礦最負盛名，顏雲年和顏國年昆仲是台陽企業領航人。另外，台陽企業更曾對文化扶掖不遺餘力。

日治時代「五大家族」——板橋林家、霧峰林家、基隆顏家、鹿港辜家和高雄陳家，政權轉移後，他們依然政商通達，後代都是炙手可熱的人物。

歷經滿清、日治、國府而自稱「三朝野老」的黃純青，有「墨學傳人」雅

稱，其實他年輕時竟是位釀
酒商人。

　　1947年在228事件中犧牲
的陳炘是「台灣第一位金融
家」，日治時代他是大東信託
負責人，這家本土金融機構
有「台灣民族運動的金庫」
之稱。

　　二次戰後，台灣被列為
「開發中國家」，在美援和
「安定中求進步」下，新興企
業才逐漸崛起。「北大同南
唐榮」是指受朝野稱揚的台
灣頭、尾兩大鋼鐵公司。名噪一時的唐
榮後來因經營不善，被納入公營體系。

　　雖然台灣俗諺有「生理子歹生」（做
生意的人才難求）一說，但是江山代有
人才出，台南幫的侯雨利、國泰集團的
蔡萬春、新光集團的吳火獅，都先後成
為「財團盟主」，也為台灣的產業寫下輝
煌的一頁。

　　本書選擇了20位產業台灣人，敘述
他們在不同政權、不同時間、不同環

日治時代殖民政府將煙、酒、糖等多項民生用品實施專賣。圖為台灣總督府專賣
局舊址，今為台灣省菸酒公賣局的辦公處。

境、不同際遇下，打拼出一片天，因而
受人景仰、受人欽慕、也受人嫉妒批
評。時過境遷，昔日豪門難免有「富不
過三代」的情形，而成「歷史灰燼」，但
也有後人持續將先人產業發揚光大的；
「台灣經濟奇蹟」的歷史，在此20位傳主
身上，我們可以「古今多少事，都付笑
談中」的心情，放輕鬆閱讀。

神啊，我要的不多，
無非是一點點田地和河溝……

Q 施世榜所建造的八堡圳，是清代台灣最大的水利工程，它的名稱是怎麼來的**?**

建造水圳的工人
每天都吃八寶粥

灌溉面積涵蓋了
8個堡

水圳的形狀像八字
形的堡壘

是由8個城堡的農
民聯合建的

各堡代表

2 A
灌溉面積涵蓋了8個堡

八堡圳這個名字的由來，確實和「堡」有關，但不是8個城堡，而是8個堡。
堡到底是什麼呢？堡是清代行政區域名稱的一種，一個堡所涵蓋的範圍，
相當於現在的一個鄉鎮，堡之下還有村莊。
清代彰化縣總共畫分成13個堡，
八堡圳的灌溉範圍即包含了其中的東螺東堡、東螺西堡、武東堡、武西堡、燕霧上堡、
燕霧下堡、線東堡及馬芝上堡等8個堡，共達12,000餘甲地，
也就是說，一半以上的彰化平原都受惠於八堡圳的灌溉水源。

台灣最早的水利工程師──
施世榜
1671~1743

清朝時期，台灣有三大水利工程，各自分布在北、中、南三區，分別是郭錫瑠父子建造的瑠公圳、施世榜興建的八堡圳、曹謹闢建的曹公圳，其中以八堡圳的灌溉面積最大，興建的年代最早，因此有人將施世榜稱為台灣最早的水利工程師。

關於施世榜的早年生涯，史書上的記載並不多，只知道他是鳳山人，年少時讀了一些書，之後被選拔為貢生，不過他並未繼續朝科舉之路邁進，反而放下書本，拿起鋤頭，以「施長齡墾號」在彰化平原從事拓墾工作。

彰化平原地廣土肥，在清康熙年間吸引了很多移民者前來墾殖，施世榜的父親也是其中之一。在父親奠定的基礎上，施世榜繼續往東南開發，

短短幾年間便成為台灣中部的大墾戶，然而拓墾的土地越多，所面臨灌溉的難題就越大。台灣中部山勢高聳，水流落差大，河川經常氾濫，到了乾季河水乾涸，幾乎沒有水可供灌溉。為了解決灌溉問題，施世榜於1709年開始建造水圳，自鼻仔頭（今彰化縣二水鄉）設圳頭，挖掘渠道，引用濁水溪的水來灌溉農田。

在缺乏精密測量儀器和挖掘工具的年代裡，要興建水圳並不是件容易的事，因此施世榜遭遇到許多的挫折。據說，正當他感到束手無策之時，有位自稱林先生的水利專家前來，指導他利用藤竹做成壩籠，安置在河中，將溪水引入大圳。在滿水期時，壩籠可以避免水

施世榜率領眾人興建水圳，引濁水溪之水灌溉廣大的彰化平原。

勢直衝圳道，破壞水圳；乾旱期可以匯聚水源導入圳道。

施世榜為感念林先生教授治水之法，在八堡圳分水門旁興建林先生廟。圖為廟簷下的牌匾。

歷經重重困難，施世榜花了10年時間，終於完成了水圳的興建。由於是引用濁水溪之水，水圳最初被稱為濁水圳，又因為這條水圳屬於施家的產業，也稱為「施厝圳」。

水圳灌溉的面積非常廣，包括當時彰化平原13個堡中的8個，因此又有「八堡圳」的稱呼。

八堡圳的興建不僅加速彰化平原的開發，也讓施世榜在台灣開發史中揚名立萬。在台灣史上有關施世榜的記載，還包括協助官兵平定了朱一貴事件，捐獻土地、金錢修建鹿港天后宮、鳳山縣學宮，捐獻田租供海東書院學生伙食等等。

林先生廟內除了供奉林先生祿位，並配祀開圳有功的施世榜與黃仕卿兩位先生。

發行人：王阿舍　發行所：遠流舊聞社

舊聞提要

1. 張貢等共約數十人於1838年秋在鳳山縣起事。
2. 台灣鎮總兵官達洪阿率軍平定大武壠胡布亂事。

曹公圳完工命名
南台灣近2,600甲
農田灌溉有望

【本報訊】1839年台灣知府熊一本來台視察位於鳳山縣的水利工程，並命名為「曹公圳」。曹公圳是於去年底由鳳山知縣曹謹所督建完工的，共計有水圳44條，所引進的下淡水溪（高屏溪）水源，可灌溉農田2,549甲。

曹公圳是由官方所建造的水利工程。在這之前，幾乎所有的水利設施都是由民間興建的。1837年，當曹謹來台擔任鳳山知縣時，眼見當地平原因灌溉水源的缺乏，每逢乾旱就難有收成，於是決定設法解決水源問題。他巡視各地，發現了下淡水溪擁有充沛的水利，可以善加利用，便出面率領民眾興建水圳，並親自勘察水圳的源頭九曲塘。

歷史報

3. 鳳山知縣曹謹督建的水圳在1838年底竣工。
4. 台灣知府熊一本於1839年來台視察曹謹督建的水利工程，並命名為曹公圳。

讀報天氣：晴
被遺忘指數：●●●

▲ 曹公廟旁設有碑林，細讀石碑上頭的文字，可以瞭解水圳開鑿的過程、鳳山開發歷史等等。

▲ 位於鳳山市曹公路上的曹公廟，廟內供奉建設曹公圳的鳳山知縣曹謹。

▲ 1709年，施世榜父子開始興建八堡圳。1721年，又有黃仕卿在八堡圳西側另設新圳，名為15庄圳。1907年之後，15庄圳與八堡圳合併到同一處取水。為了有所區隔，八堡圳被稱為一圳、15庄圳被稱為二圳。八堡一圳、二圳的取水口在今彰化縣二水鄉林先生廟旁。

　　台灣土地肥沃，適合農田耕作，但由於地形的特性，灌溉用水的取得並不容易。台灣的河川以中央山脈為分水嶺，分別東流至太平洋，或往西注入台灣海峽，河道皆十分短窄。又因為山勢高聳，造成河流落差大，水流湍急，以致每逢颱風季節，便氾濫成災；到了乾季則水源枯竭，河床裸露，幾乎沒水可灌溉，台灣田地可以說是名符其實的看天田。

　　隨著遷台移民的日漸增多，對水資源的需求也就越為迫切，為了爭奪水資源而引發的糾紛更是隨處可見。然而興建水圳除了具有技術上的難度外，資金也是一大問題，除了大墾戶外，很少有人能夠承攬如此巨大的

工程。大墾戶斥資興建水圳，完工後不但可灌溉自己的農田，水租更是一筆可觀的收入，甚至成為一種掌控墾農的工具，因此掌握了水資源，就等於掌握了財富。

　　早在曹公圳完工之前，台灣中部及北部分別有八堡圳與瑠公圳的設置，興建者施世榜與郭錫瑠皆為當地的大墾戶。其中瑠公圳興建的年代較晚，耗費時間也長。1740（乾隆5）年，郭錫瑠率眾開鑿大坪林五庄圳，然而水圳的流量卻跟不上開墾的速度，很快地又出現水量不足的問題，因此郭錫瑠就從青潭（新店溪支流）導水，匯合已完成的水圳，建造一個灌溉網。這個計畫花費了他20年光陰，完工後的水圳，灌溉面積廣達1,200餘甲。可惜的是，5年後的一場颱風竟摧毀了水圳，郭錫瑠因此抑鬱而卒。幸好，最後其子繼承他的遺願，重新修築水圳，台北地區才能順利進入水田耕作時代。後人為紀念郭家父子，便將此圳稱為瑠公圳。

　　如今，隨著台灣北中南三地水利工程的陸續完成，預計台灣的農業發展將會邁入新紀元。

▲ 在八堡圳的灌溉之下，彰化平原由草萊之地轉變成為台灣中部重要的米倉。

▲ 濁水溪由於地形的緣故，每逢雨季常有洪水氾濫，乾季則河道荒蕪、石礫遍佈，使得水資源無法充分利用。八堡圳興建之後，經過歷代的整修，濁水溪已成為彰化平原灌溉系統中的一條排水溝。

▲ 瑠公圳的灌溉範圍多集中在台北市。1960年代之後，都市急速發展，高樓大廈逐漸取代水田，負責運輸水源的瑠公圳也逐漸失去功能，於1991年正式走入歷史。圖為今日新生南路台大校園外上的瑠公圳遺址紀念碑。

施世榜年表
1671~1743

1671
● 生於鳳山縣。

1709
● 開始興建引濁水溪水的水圳。

1719
● 八堡圳完工。

1721
● 協助官兵平定朱一貴事件，受封為都司。

1726
● 以業戶「施長齡」名義，購買鹿港附近的塭地
　一處，將產業延伸至彰化平原更西處。
● 在台灣府城大南門外，興建敬聖樓，奉祀文昌
　帝君，並雇人撿拾字紙。

1737
● 出資重修鳳山縣學宮。

1743
● 去世，享年73歲。

【延伸閱讀】
⇔ 林文龍，《台灣中部的開發》，1998，常民。
⇔ 彰化縣立文化中心，《源泉水、歷史情——八堡圳傳奇》彰
　化縣84年全國文藝季成果專輯，1995，彰化縣政府。

十八般武藝，樣樣都通樣樣鬆！

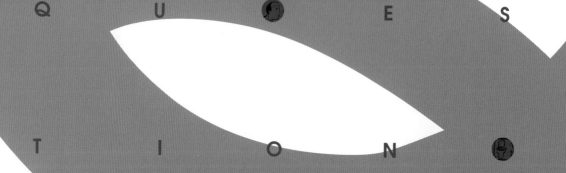

Q 清代台中地區名氣響叮噹的張達京曾擔任過「通事」，
請問這工作要有什麼本事**?**

1 天文地理，
無所不通

2 包打聽，
黑白兩道全都通

3 你講番仔話，
我嘛會通

4 馬桶專家，
大小垃圾馬上通

3 A
你講番仔話，我嘛會通

通事，不需要通天本事，也不必很有學問，只要懂得原住民語言、能夠傳遞官方法令、處理原住民與漢人之間的糾紛就可以。

自從漢人大量移民台灣從事墾殖後，原住民的生存空間受到壓縮，更因語言、風俗的差異，而與漢人發生衝突，關係日益惡化。為了安撫原住民，清廷除了沿襲荷蘭時期流傳下來的土官制度（由各社領導者出任土官），另外還挑選通曉原住民語言的漢人充當通事，作為溝通的橋樑。

通事雖然不是什麼大官，但因為承辦原住民的對外事宜，如：與官方打交道、與漢人貿易、協調糾紛、提供外界消息，乃至於生活物資的買辦等等，無形中成為原住民部落的領導中心。由於土官多半不識字，又不熟悉漢人的文物制度，所以權勢與威望皆不及於通事，難怪當初有人留下「通事做頭家，土官聽役使」這樣的俗語。

由通事轉型的大墾戶——
張達京

1690~1773

張達京是清代台灣中部的大地主，他的頭銜不少，包括中醫師、張振萬墾號頭家、六館業戶總代表、平埔族岸裡社的駙馬爺、總通事等等。張達京不僅頭銜多，更善於利用各種不同身分，營利致富。

張達京與岸裡社人簽訂「割地換水」契約。

張達京，字振萬，原籍廣東大埔縣，生於1690年，父親是清朝的武舉人。他自幼跟隨父親學習武術及草本醫療，大約從21歲起，獨自在閩南一帶經商，之後渡海來台，從台灣南

張達京擔任岸裡五社總通事長達34年之久。

部一路北上，抵達台中盆地的岸裡社部落，並在此落地生根。

岸裡社屬於中部平埔族巴宰（Pazeh）族的一支，曾多次幫助清廷平定亂事，與漢人之間維持良好的關係。張達京抵達不久，社裡正好流行瘟疫，他憑著父親傳授的醫學常識，為族人採藥治病，而贏得族人的信任。土官阿莫也頗為器重他，甚至將女兒嫁給他。

成為岸裡社土官的女婿後，張達京在岸裡社經商墾殖更加便利，加上他勤學當地的語言，而能深入瞭解巴宰各社的風俗；1723年，他被任命為岸裡社等5社的總通事。此後，張達京運勢暢達。1731年，他偕同土官潘敦仔（阿莫之孫）帶領社內鄉勇平定大甲西社之亂，為清廷立下大功。事件平後與潘敦仔一同前往北京，蒙雍正皇帝召見、受封，並獲賜御衣一件。

就一個通事來說，張達京的聲望已經到了巔峰，不過那不是他最終的志向。眼看著台中盆地大片的荒地，如果加以開墾，必然會帶來大批財富，具有商人眼光的張達京便開始投資土地開發。他首先慫恿岸裡社向官府申請大片荒地開墾，之後，以張振萬墾號的名義，和陳、秦、廖、江、姚等5人經營的墾號合組六館業戶，與岸裡社訂立「割地換水」契約，由六館業戶出資、出力開鑿水圳，引大甲溪之水灌溉台中盆地，以此來換取岸裡社的土地。

通事的身分使張達京比一般人更容易取得土地開發權，他前後開發了葫蘆墩（今豐原市）、神岡、潭子、大雅、石岡等地，擁有良田萬頃，成為台中地區的首富，還被奉稱為中部的開墾英雄，今台中社口的萬興宮內供有他的長生祿位。然而，也因為他以通事之職為己牟利，在歷史上備受爭議。

1750年開始，台灣各地陸續爆發通事侵入「番」界開墾的弊案，家大業大的張達京也受到官府的注意。不久，擔任通事長達34年之久的張達京被革職，並遣送回原籍。1773年去世，享年84歲。

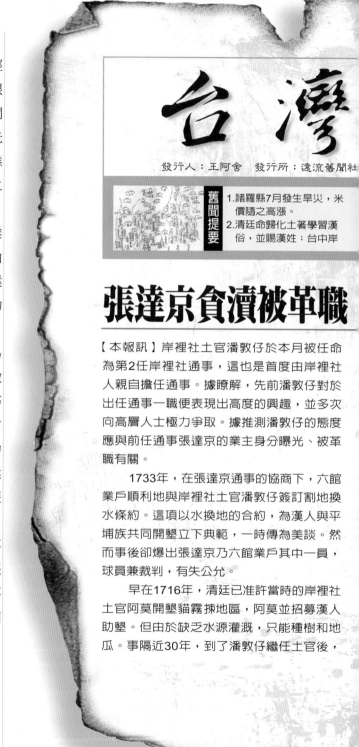

台灣

發行人：王阿舍　　發行所：遠流舊聞社

舊聞提要
1. 諸羅縣7月發生旱災，米價隨之高漲。
2. 清廷命歸化土著學習漢俗，並賜漢姓；台中岸

張達京貪瀆被革職

【本報訊】岸裡社土官潘敦仔於本月被任命為第2任岸裡社通事，這也是首度由岸裡社人親自擔任通事。據瞭解，先前潘敦仔對於出任通事一職便表現出高度的興趣，並多次向高層人士極力爭取。據推測潘敦仔的態度應與前任通事張達京的業主身分曝光、被革職有關。

1733年，在張達京通事的協商下，六館業戶順利地與岸裡社土官潘敦仔簽訂割地換水條約。這項以水換地的合約，為漢人與平埔族共同開墾立下典範，一時傳為美談。然而事後卻爆出張達京乃六館業戶其中一員，球員兼裁判，有失公允。

早在1716年，清廷已准許當時的岸裡社土官阿莫開墾貓霧捒地區，阿莫並招募漢人助墾。但由於缺乏水源灌溉，只能種樹和地瓜。事隔近30年，到了潘敦仔繼任土官後，

28 產業台灣人

歷史報

1758年11月30日 穿越時空 獨漏舊聞

裡社群亦開始蓄髮結辮，並改用漢姓。

3. 擔任岸裡社通事長達34年的張達京被卸除職務。

4. 岸裡社土官潘敦仔擔任第2任岸裡社通事。

讀報天氣：陰雨

被遺忘指數：●●●○

潘敦仔繼任岸裡社通事

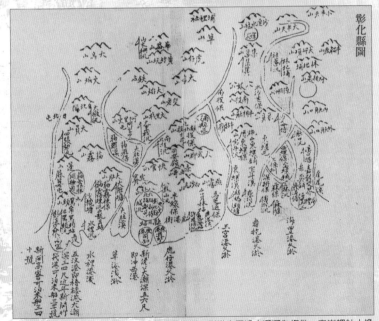

彰化縣圖

▲ 張達京等人組成六館業戶，以開鑿葫蘆墩圳、引進大甲溪水灌溉為條件，向岸裡社人換取台中盆地的大片土地。在這張同治年間的彰化縣地圖中，還可以找到一些原本代表岸裡社各社的地名。

▲ 首任原住民通事潘敦仔。

對於台中盆地的開發深感興趣，卻依然無法解決灌溉的問題，於是便在與張達京協商之後，和張振萬、秦登鑑、姚德心、廖朝孔、江又金、陳周文等墾戶所組成的六館業戶，簽訂「割地換水」條約。條約上明訂：由六館業戶負責籌資興建水圳，引進大甲溪之水灌溉農田。圳內之水分為14分，每業戶各配水2分，留2分灌溉岸裡社農田；岸裡社則提供土地給予六館業戶開墾。

原本岸裡社民都覺得這確實是一種互惠的方式，不料後來卻發現振萬竟是張達京的字，張振萬墾號的幕後老闆就是張達京。通事兼業主，日後雙方要是發生糾紛，該找誰當裁判？

面紗被揭開，張達京倒是泰然處之，輕描淡寫地說，做這種事的又不只他一個，北部的林成祖也是以通事轉型為大墾戶，開墾

的田地比他還多呢！

張達京接著又著手開發葫蘆墩、神岡、潭子、石岡等地區，擁有的土地一片接一片，成為台中地區的大地主，還被台中地區的漢人奉為墾荒英雄。

岸裡社的人又是怎麼想呢？也許是看在他是岸裡社的女婿（張達京娶阿莫的女兒為妻）分上，不願表示意見；但張達京卸任通事後，土官潘敦仔極力爭取出任通事一職，就不難發現岸裡社族人對於漢人通事的態度了。

▲ 張達京的長生祿位。

▲ 台灣的農業是以人力踏踩的水車將水引入田中。

▲ 張達京的長生祿位被供奉在今台中社口的萬興宮。圖為萬興宮外觀。

張達京年表
1690～1773

1690
● 出生於廣東。

1711
● 渡海來台。

1723
● 出任岸裡社總通事。

1731
● 平定大甲西社之亂，奉詔至北京受封。

1733
● 成立張振萬墾號。
● 組六館業戶，與岸裡社簽訂割地換水之約。

1758
● 卸除通事之職。

1761
● 返回廣東潮州。

1773
● 去世，享年84歲。

【延伸閱讀】
↪ 洪敏麟等，《犁頭店歷史的回顧》，1994，台中縣文化中心。
↪ 柯志明，《番頭家：清代臺灣族群政治與熟番地權》，2001，中研院民族學研究所。
↪ 洪慶峰總編輯，《台中縣大甲溪流域開發史》，1984，台中縣文化中心。

透早就出門，
　來去番邦討生活

Q 開墾蘭陽平原的吳沙，曾在三貂嶺當過「番割」，那是什麼樣的工作❓

1 幫原住民割稻

2 替原住民和漢人傳送消息

3 幫原住民賣土地

4 和原住民做生意

吳沙 33

4^A 和原住民做生意

在 清朝時，原住民被稱為「番」。而「番割」的意思是指：
在原住民與漢人居住的邊界地帶，從事雜貨貿易的商人。
他們通常以鹽、糖、布、鐵鍋等雜貨，和原住民交換鹿茸、鹿皮、鹿脯和一些山林野味，
然後再拿到市場販售，以賺取更大的利潤。
吳沙剛移民到台灣時，居住在三貂嶺（今台北縣）並從事番割的工作。
由於經常與蘭陽平原的原住民接觸，漸漸的就學會了他們的語言，
並且受到他們的信任，得以自由進出平原。
也因此，當吳沙發現那裡有著廣大肥沃的未耕地時，便萌發了開墾的念頭。

成功開墾蘭陽平原
第一人——
吳沙
1731~1798

在台灣開發史中，漢人經常為了爭奪原住民土地用盡心機，甚至引發戰鬥。被奉為「蘭陽平原開發始祖」的吳沙，他進入平原開墾的過程，就像一部爾虞我詐的武打片。

吳沙的老家在福建漳州，據說他曾學過一些醫術，然而放蕩的性格和江湖作風，使得他在家鄉不太受歡迎，婚姻也受到延誤，直到近40歲才娶妻生子。可能是在老家謀生不易，又聽說台灣土地肥沃，於是吳沙就在43歲時，以破釜沈舟之心攜帶家眷渡海來台。

這是後人以吳沙子孫為藍本所繪製的吳沙肖像。

和許多移民一樣，吳沙最希望的是得到一塊良田，然而當時台北盆地差不多已經開發完成，吳沙於是前往介於台北與宜蘭間的三貂嶺，一面在山區墾殖，一面和當地的原住民噶瑪蘭人做買賣，販賣鹽、布料等民生用品。由於吳沙做生意口碑不錯，又通曉噶瑪蘭人的語言，因此漸漸受到他們信任，得以自由進出蘭陽平原。吳沙發現蘭陽平原的土地肥沃，很適合農業發展，而原住民又不懂得耕種，便決定要開墾這一大片荒地，但鑑於1769年曾發生漢人前往墾殖遭到殺害的案例，所以吳沙也不敢貿然而行。

吳沙性格豪邁，又居住於遠離官府的山嶺中，很自然地成為窮苦潦倒的羅漢腳依靠的對象。凡是前來投靠者，吳沙都給予一斗米、一把斧頭，幫助他們在三貂嶺安居。漸漸的，吳沙的勢力越來越大，有如一個山寨主，並且逐漸具備開墾蘭陽平原的人力基礎。

然而光有開墾人力並不夠，還需要一筆龐大的資金，才能啟動墾殖集團。恰好淡水富豪柯有成等人看好蘭陽一地的開發價值，便主動提供開墾資金。萬事齊備之後，66歲的吳沙便率領由漳州、泉州、廣東三籍人士所組成的開墾集團，於1796年進入蘭陽平原的大里，一路沿著大溪、外澳，來到了頭圍（今頭城鎮）。

吳沙墓,位在今台北縣貢寮鄉澳底村。

面對浩浩蕩蕩的墾殖集團,噶瑪蘭人當然也不會坐視不理。幾番爭鬥後,雙方傷亡不少,吳沙的弟弟吳立也在戰鬥中喪生。此時,吳沙才瞭解光用武力是無法順利進入蘭陽平原開墾的,於是將墾殖集團撤回三貂嶺。隔年,蘭陽平原發生天花傳染病,吳沙利用這個機會,以醫藥救治噶瑪蘭人,取得了他們的信任,順利在頭圍建立第一個開墾據點。

由於吳沙的墾殖行動並未獲得官方許可,為了預防被冠上私墾的罪名,吳沙便向淡水廳提出申請。官府擔心吳沙聚眾生事,便給他一個「吳春郁義首」的戳記。開墾合法化後,吳沙大力招募耕農、開道路、設隘寮,準備大力開發蘭陽平原。然而2年後,吳沙卻因病去世了,享年68歲。吳沙去世後,墾殖的工作由他的後代繼承下去。

發行人:王阿舍　發行所:遠流舊聞社

舊聞提要

1. 蛤仔難於1810年收入清廷的版圖,並改稱為噶瑪蘭。
2. 1811年淡水內港人高

吳沙採用結首制

【本報訊】1812年清廷將新近收入版圖的蛤仔難設為噶瑪蘭廳,廳治在五圍,第一任通判為楊廷理。

回顧噶瑪蘭的開發,自從1796年吳沙率領墾殖集團進入烏石港開墾以來,在短短的15年中,噶瑪蘭地區大部分適合水稻耕作的平原,皆已被開發。相對於之前在台灣西部的開發時間而言,漢人在此地的開發速度可以說是十分迅速的,這其中的成功關鍵,就在於開發集團領袖吳沙所採用的結首制。

為了開墾噶瑪蘭,吳沙先是在三貂嶺觀望,並以長達20年的時間作準備。這20年當中,前來投靠吳沙的漢人移民身分複雜,其中不乏有羅漢腳、亡命之徒,吳沙除了嚴禁他們惹事生非外,並採用一種層層管理的墾殖機制,也就是「圍」和「結」。

圍,指的是土地的開墾範圍。每當墾殖集團占領了一個地方時,便會在四周建造土

夔在柑仔園起義抗清，事敗逃往石碇五指山
獨立為王。

3.清廷1812年命楊廷理為首任噶瑪蘭廳通判。

4.清廷設噶瑪蘭廳，廳治設在五圍。

讀報天氣：陰有雨

被遺忘指數：●●○

奠定噶瑪蘭百年開墾大計

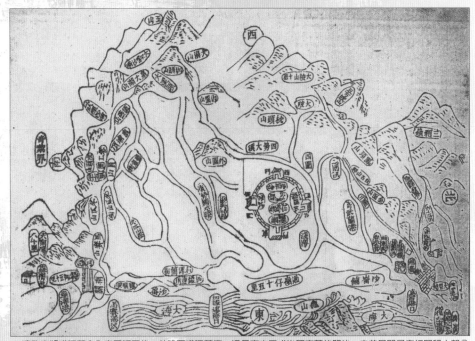

▲ 清政府將噶瑪蘭收入帝國版圖後，並設置噶瑪蘭廳。這是官方正式治理宜蘭的開始，之前民間已自行開墾大部分
的蘭陽平原。圖中央的圓形城池即為噶瑪蘭廳，圖右下方烏石港附近的頭圍街，則是吳沙進入宜蘭後，建立第一
個開墾據點的所在地。

▲ 供奉在今頭城開成寺的開蘭祿位，上面的人名，有的是與吳沙一同開墾，有的是出資贊助吳沙的開墾行動。

圍或竹圍，以防範原住民的攻擊。噶瑪蘭的開墾，從烏石港南邊的頭圍（頭城）開始，一路前進，建立了二圍、三圍、四圍，直到第二任噶瑪蘭通判翟淦到任時，開墾範圍已經到了五圍（宜蘭市）。

結，則是指由數十人或百餘人所組成的團體，由投資金額最多的、或最負眾望的人，出任大結首；以此類推，大結首底下再設立若干小結首。墾民必須對小結首負責，小結首則聽從大結首指揮，充分發揮層層負責的功效。在開墾階段，大結首必須負責籌措資金，開墾完後，則須負責結內的治安、代表結內的墾農簽署關係全結利益的合約（如水資源的獲取、道路的開闢、隘寮的設立等等）。此外，結首還必需充當結內土地買賣等重大事件的公證人，並處理相關的公共事務。眾人所開墾出來的土地，除了必須給予大結首和小結首若干「功勞地」外，其餘土地由眾人均分。

結首制雖然是吳沙為了開墾噶瑪蘭所採用的方式，卻深刻地影響著噶瑪蘭地區；很多城鄉都以結為地名，噶瑪蘭的居民更因之培養出強烈的團結性格。

▲ 蘭陽平原上的傳統農舍。圖為今羅東鎮北成庄一帶。

▲ 頭圍，今日稱為頭城，在鎮上還保留著日治時期所興建的連棟式街屋。

商標登錄

臺灣勸業共進會金牌賞
臺灣物產展覽會壹等賞

甘泉老紅酒

性溫而和
味甘而香

類造元宜蘭類酒糕式會社

▲ 位於今頭城鎮和平街上的慶元宮。頭城是蘭陽平原的門戶，貨物從烏石港進入，沿著河流一路來到慶元宮廟埕外的碼頭。之後由於港口的淤塞，昔日的河道已成為今日的濱海公路。

吳沙年表
1731~1798

1731
●生於福建漳州。

1773
●自福建前來台灣，定居於三貂嶺（今台北縣貢寮鄉）。

1787
●在蘭陽平原邊界試圖開墾，未受阻撓。

1796
●率墾民攻占烏石港南方，建立第一個據點——頭圍。

1797
●蘭陽平原流行天花，吳沙藉醫療取得當地居民信任。

1798
●去世。

【延伸閱讀】
⇨ 陳偉智，〈吳沙開蘭歷史的形成〉，《宜蘭文獻雜誌》20期，1996；宜蘭縣立文化中心。
⇨ 陳偉智，〈傳染病與吳沙「開蘭」：一個問題的提出〉，《宜蘭文獻雜誌》2期，1993；宜蘭縣立文化中心。

本是同根生，相見不相識？

Q 以下哪一個不是板橋林家的人 **?**

1 熱心公益的林平侯

2 超會做生意的林維源

3 擁有大花園的林本源

4 常常闖進別人家的
林衡道

擁有大花園的林本源

「**林**本源」不是人名,而是家號。這個名稱的來源有兩個說法:

一是板橋林家的開基祖林平侯希望子孫能夠記住祖典、和睦相處,便根據古訓「木本水源」和「飲水思源」,分別為兒子取了飲記(老大國棟)、水記(老二國仁)、本記(老三國華)、思記(老四國英)和源記(老五國芳)5個家號,合稱「飲水本思源」。林平侯去世後,子女中以本記的國華、源記的國芳較為傑出,因此便以「林本源」作為林家家號。

另一個說法是,在林平侯自新莊遷移到大溪之前,

就已經以「本源」作為店號,也是取自「飲水本思源」之意。

兩者中以第一個說法最為常見,但從林家所保留的清代契約可知,在1813年便已出現「林本源與李金興、李炳生等人共買舖業,起蓋行店」的記載。再說,當時老五國芳還沒出生,哪來的源記呢?可見第二個說法是比較可信的。

板橋林家的奠基祖──林平侯

1766~1844

清代台灣的移民中，能夠在第一代就成為鉅富，並擁有三品文官頭銜的，大概只有板橋林家的創始者林平侯。

出生於1766年的林平侯，據說自小就「鋒穎異凡兒，英敏豁達」，而且非常孝順母親。20歲那年，林平侯來台灣尋找在新莊私塾教書的父親林應寅，同時在米商鄭谷的店中當伙計。在米行工作幾年後，林

林平侯於1818年舉家遷到大料崁（今大溪），藉著大料崁溪（今大漢溪）便利的水運販賣樟腦等地方物產。

平侯存下一筆創業基金，並在老東家的贊助下，自立門戶。為了避免與鄭谷爭利，林平侯不在台灣經銷米糧，而是將米運至大陸販賣。1786年林爽文事件爆發，許多農田遭到毀損，使得台灣米價暴漲，林

1803年，林平侯赴廣西任同知一職。

平侯賣出窖藏的米，大賺了一筆。

林平侯不僅從事米糧買賣，他還投資鹽業、航運和樟腦。台灣在明鄭時期就開始製鹽，但是鹽業一直受官方管制。商業眼光銳利的林平侯看準了這個關係民生的行業有利可圖，於是和新竹的林紹賢合辦全台鹽務。同時還購買船隻，往返於台港及華南沿海，從事兩岸三地的海上運輸及貿易。就這樣，林平侯運用靈活的商業頭腦，在不到40歲時，便已經成為台灣巨富。

有了財富，便想功名。林平侯效法古人納穀捐官，得到同知官銜，於1806年至

廣西任職。林平侯在官場上頗有佳譽，卻因不願受控於權威，6年後便託病請辭回到台灣，當時他的職等是文官三品，是清代台灣人所擔任過的最高文官。

台灣北部地區發生漳泉械鬥事件，為了怕遭池魚之殃，林平侯在1818年舉家自新莊遷至大嵙崁（今桃園大溪），築堡而居，直到1853年林平侯的子孫才將家業遷至板橋。在大嵙崁時期，林平侯除了利用淡水河航運繼續從事米、鹽買賣，更大買土地和開墾權，使得他的田產遍及台北、桃園和宜蘭，不但為林家留下龐大田產，每年所收的穀租更多達40萬擔。

富貴不歸故里，如同錦衣夜行。林平侯在台灣致富後，便在福建老家興建義莊、設學校，以回餽故里。在台灣，他同樣熱心公益，不但捐贈田租作為地方學子的教育經費，還出資闢建三貂嶺道路、捐款修建鳳山城、淡水文廟、台南海東書院等，頗得慈善之名。

1844年，林平侯去世後，其子國華、國芳繼續開拓林家產業，到了孫子林維源時，將林家盛況推上顛峰，成為清代台灣最有影響力的家族之一，以「板橋林」或「台灣林」的稱號揚名中國大陸、日本和東南亞。

發行人：王阿舍　發行所：遠流舊聞社

舊聞提要

1. 台灣巡撫劉銘傳設立大嵙崁撫墾總局，以林本源宅邸「通議第」為臨時衙門。

▲ 林平侯之子林國芳興建的城堡，名為「通議第」，俗稱林本源城或大溪城。

歷史報

1887年5月23日 穿越時空 獨漏舊聞

2.清廷命劭友濂為台灣布政使。
3.劉銘傳奏請興建台灣鐵路。
4.劉銘傳在大嵙崁設立北路樟腦總局。

讀報天氣：多雲時晴
被遺忘指數：●●●○

▲ 大嵙崁街並不是一條街，而是包含好幾條街的一個街區，包括今日大溪鎮的和平路、中央路、中山路等等。圖為和平路上華麗的街屋立面。

水運帶動地方發展
大嵙崁發展可望再創高峰

【本報訊】繼去年大嵙崁撫墾總局設立後，台灣巡撫劉銘傳再度在大嵙崁（大溪）設立北路樟腦總局。

　　因大嵙崁溪便利水運而興起的大嵙崁街，在樟腦業的帶動之下，市街內的商業活動蓬勃發展，在台北的外國洋行也紛紛來此地設置分行或辦事處，包括英商魯麟洋行、德商公泰洋行、西班牙瑞記洋行等。

　　大嵙崁一地早在乾隆初年就有漢人入墾。1819（嘉慶24）年，漳州人林平侯將家業遷至此地，並與墾戶潘永清等合力開發，廣設隘寮、隘丁，積極投入樟腦的生產與茶葉的種植。大嵙崁在這兩項地方特產的帶動

▲ 大嵙崁溪（大漢溪）便利的水運造就了大嵙崁街的繁榮。圖為大漢溪，大嵙崁街在圖中右側。

之下，市街逐步發展、擴張，成為重要的物產集散地，同時也是淡水河流域最重要的內陸河港市街聚落。

台灣由於地形的緣故，陸路交通十分不便，不同城鎮間的貨物流通多半依賴沿海各港與內陸河港的水路運輸。台灣的河川中只有淡水河四季都有豐沛的水量，其流域範圍內也有不少沿河聚落，因便利水運而發展成繁榮的市街，除了大嵙崁街之外，還包括了新莊、艋舺（萬華）、錫口（松山）、水返腳（汐止）、三角湧（三峽）等地。

以大嵙崁的貨物運輸來說，從大嵙崁街到台北大稻埕，因是順流而下，大約5個小時即可抵達，但從大稻埕上溯大嵙崁就比較久了；有風時約12小時，無風時則需要一天以上的時間。

大嵙崁街的河港碼頭，位在草店尾街土地公廟旁的崎子路下方。由於鄰近貨物起卸處，草店尾街與上街成為大嵙崁最繁榮的地區，街內商號種類不少，有樟腦商、茶商、糧商、藥商、炭商、木器家具商等，商行數量更是多達3、40家。而進出碼頭的船隻，小型的紅頭船大約有7、80艘，加上大型商船，商務繁忙時期最多可達300艘左右。

大嵙崁雖然位於內山地區，但有便利的水運可以對外聯絡，加上被政府列為施政的重要據點，一般認為在未來10年內仍有持續發展的潛力。

▲ 1912年，大嵙崁進行市區改正，拓寬馬路是主要工作之一。不少臨街的房屋因而被部分拆除，重建之後成為今日所看到的大溪老街；街道兩旁的街屋是連續的牌樓面，上頭有精緻的裝飾花紋。

▲ 今日的大溪老街已蛻變為觀光為主的懷舊街道。

▲ 這條石階步道連接大嵙崁街與大嵙崁溪，往下走就可以到達河岸邊的碼頭，是苦力搬運貨物的必經之路。

林平侯年表

1766~1844

1766
● 生於福建漳州。

1786
● 來台尋父林應寅。

1790
● 返鄉結婚。

1806
● 捐同知官銜，分發至廣西任職。

1816
● 辭官回台。

1818
● 舉家遷至今桃園大溪。

1823
● 招攬佃農開墾今台北縣、宜蘭縣一帶，並開闢
  台北至宜蘭的道路。

1826
● 與進士鄭用錫等人奏請改建淡水廳城垣於竹塹
  （今新竹）。

1830
● 興建學田6所，年收穀租140石之多。

1844
● 去世，享年79歲。

【延伸閱讀】
  ⇨ 王世慶，《淡水河流域河港水運史》，1996，中研院中山人文
    社會科學研究所。
  ⇨ 許雪姬，《板橋林家林平侯父子傳》，2000，台灣省文獻委員
    會。

開墾大事業，大伙鬥陣行！

姜秀巒是清代北埔拓墾集團的領導者，
他曾蓋了一間金廣福公館來做什麼？

1 自己住，
金光閃閃很氣派

2 佃農唱歌跳舞的好所在

3 當作倉庫，
讓大家存放稻米

4 當作總公司的辦公室

4 A
當作總公司的辦公室

金廣福雖然被稱為「公館」，卻不是我們現在習慣用語的「公館」，
所以並不是指領導人的大宅第。在金廣福公館附近有一座天水堂，才是姜秀鑾居住的地方。
金廣福，用現在的話來說，就是開墾公司的行政管理中心。
1834年，清廷為了開發竹東的北埔、峨眉、寶山一帶，就聯合客家籍的大墾戶姜秀鑾、
閩南籍的林德修、周邦正，組成金廣福（金代表吉利之意，廣代表廣東客籍，
福代表福建閩南籍）來統籌、規畫開發工作，包括防隘點的設置、佃農的招募、
水圳開鑿、田租收取，以及貨品供應和補給等等。
在閩客械鬥風氣旺盛的清代台灣，金廣福的開發案例具有重要的族群融合意義，
也是台灣開發史上少數由官民合作墾荒成功的例子。

開發北埔的客籍領袖——
姜秀鑾
1774~1846

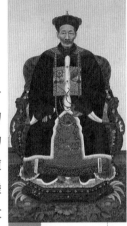

姜秀鑾畫像。

和許多拓荒人物一樣，姜秀鑾年輕時代的紀錄並不多。從零星的史料記載中，我們知道姜秀鑾的祖籍是廣東陸豐，出生於1774年，大約在1822年左右到新竹開墾，經過10年的奮鬥，1832年時便成為新竹地區的大墾戶了。

姜秀鑾一生中最為人稱道的，莫過於成立金廣福開墾組織，率領客籍先民共同開墾新竹東南地區。1834年，淡水同知李嗣鄴眼看新竹地區大多已開墾成良田，唯獨東南地區的北埔、峨眉、寶山一帶因鄰近泰雅族的世居地，仍是一片未經開墾的處女地，深感可惜。李嗣鄴為了強化防「番」，並增闢耕地，便諭令從事防「番」開墾工作多年的姜秀鑾，與新竹的閩籍大墾戶共同開墾。

對姜秀鑾來說，這是一個難得的好機會，也是一個大考驗。除了要面對以慓悍聞名的泰雅族和賽夏族人外，還得與閩南人合作。清代台灣，閩粵兩籍的移民，經常因為語言、風俗習慣不同以及爭奪土地、水資源等，而發生流血械鬥事件。經過一番協商後，雙方最後放下成見，同意各出資金12,600銀元，加上李嗣鄴提供的官銀1,000銀元，成立了「金廣福義聯枌社」，簡稱「金廣福」。

金廣福開始運作後，姜秀鑾積極地招募佃農，設置防隘哨站，從事土地開墾工作。他率領鄉勇從竹東出發，朝北埔前進，以武力驅逐原住民，並設置防隘據點共40餘座。每個防隘點都有隘丁守衛，人數多達200餘人，各隘之間以敲木魚或竹筒作為聯絡記號，由於各隘所串連的防禦區域十分遼闊，因此被稱為「金廣福大隘」。

大隘防線的設立，對墾民來說是一層保護，對於原住民卻造成極大的威脅，因

姜秀鑾在北埔所興建的宅院，建築形式仿照位於九芎林的老家，今日通稱為「天水堂」，並且被列為國家級古蹟。

位於北埔聚落中心的慈天宮，也是當地人的信仰中心。

而引發了無數次大戰鬥，其中規模最大的戰鬥發生於1835年，由泰雅族大撈社發動全族，與墾民激戰於麻布樹排（今北埔東北），雙方死傷人數多達百人；之後又激戰於番婆坑（今北埔南浦村）。

一邊戰鬥一邊開墾，幾乎是金廣福的開墾模式，儘管危機重重，姜秀鑾卻充分發揮客家人不畏艱難的硬頸精神。短短10年間，不僅將北埔開墾成田園，鄰近的峨眉、寶山也成為漢人聚落，姜秀鑾家族更因此成為地方巨富。

100多年後的今天，金廣福公館雖不再是辦理開墾事務的行政中心，其特殊的歷史背景卻成為歷史的見證與旅遊景點。1983年，內政部將其列為國家一級古蹟，姜秀鑾所居住的天水堂則被列為國家二級古蹟。

姜秀鑾於1846年去世，享年63歲。後代子孫為了緬懷這位開墾元老，將姜秀鑾住宅後的山崗命名為秀鑾山，以資紀念。

發行人：王阿舍　發行所：遠流舊聞社

舊聞提要

1. 施乾創立「愛愛寮」，收容乞丐。
2. 《台灣日日新報》社舉行創立35週年紀念典禮。

▲ 金廣福公館外觀。

▲ 1933年北埔舉行「金廣福大隘開闢百年大祭」，並於秀鑾山上立紀念碑。

3.北埔庄舉行金廣福開闢大隘百
　年祭。

4.台灣總督府公佈實施「啤酒專
　賣規則」。

讀報天氣：晴
被遺忘指數：●○

不要械鬥要合作
金廣福爲族群共榮立下最佳典範

【本報訊】1933年4月，北埔庄的居民為了緬懷先人的開墾，特別舉辦「金廣福大隘開闢百年大祭」活動；其中最具意義的是「秀鑾山」與「邦正園」的命名活動，以茲紀念姜秀鑾和周邦正兩位開墾元老。

　　眼看著北埔今日的繁榮，誰能想像百年前的荒蕪？新竹地區自從1691年王世傑帶領族人前來開墾後，早已田園遍野，村落林立，唯獨此地因鄰近泰雅族的領地，而人跡罕至。直到1834年，淡水同知李嗣鄴諭令新竹兩大墾戶——廣東籍的姜秀鑾、福建籍的林德修共組金廣福墾隘組織（林德修逝世後由周邦正接任），北埔才展露開墾曙光。

　　在台灣開發史上，不乏合墾的例子，卻以金廣福最特別。在族群械鬥頻傳的清代台灣，閩客雙方共同開墾，對姜、周二人來說

▲ 為紀念開墾領袖姜秀鑾，北埔東側的山巒被命名為「秀鑾山」，現闢為「北埔秀鑾公園」，建有數座涼亭及步道。圖為公園外側路上的入口牌樓。

是一大考驗。金廣福的分工方式，是由閩籍墾戶負責在城內辦理衙門公事，姜秀鑾則在地方上率領粵籍墾民、隘丁進行開墾。為了完成開墾大計，兩籍墾戶都放下族群情結，同心協力為彼此創造最大的利多。此外，金廣福在官方支持下，以武裝墾殖建立新市鎮的模式，也是台灣開發史上少見的成功案例。

1886年，劉銘傳在五指山設立撫墾署，裁撤金廣福成員。金廣福的開墾機能，雖然消逝了，但當地因武裝墾殖而營建出具有防禦功能的聚落依然存在，而北埔人因開疆拓土而凝聚的團結精神和不輕易妥協的硬漢性格，也始終如一。台灣割讓給日本後，先後發生過姜紹組（姜秀鑾的曾孫）率領5百兵勇加入乙未抗日之列，以及蔡清琳率眾襲擊日本警察的北埔事件，將北埔的硬漢精神發揮至最高點。

▲ 北埔聚落邊緣原為「開基義友塚」，後來闢為「邦正園」，以紀念開墾的閩籍墾戶周邦正。圖為邦正園現貌。

▲ 北埔居民早期的飲用水來源皆依賴井水，而位在巷弄中的公共水井周圍，容易成為居民聚集聊天的場所。圖中數條巷道交會處即有一早年使用的水井。

◀▲ 北埔聚落內的街巷大部分是寬窄不一、彎曲轉折。這是因為在墾拓時期，常有盜匪入侵或是原住民的攻擊，彎曲狹隘的街巷空間，可以方便居民防禦外來的侵犯。

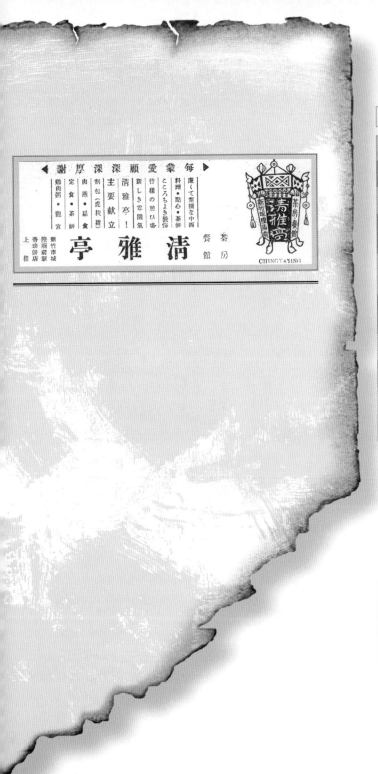

1774
●出生。

1826
●出任九芎林庄（今新竹縣芎林鄉）總理。

1833
●加入南重埔地方墾務，設隘防「番」。

1835
●與閩籍墾戶合組金廣福，率領客籍移民開發北埔、峨眉與寶山。

1840
●獲得官府頒給金廣福鐵印一枚，正式擔任開疆重責。

1842
●鴉片戰爭時，英軍攻打基隆，姜秀鑾出動鄉勇協助防衛。

1844
●在北埔設立義塾，爲本區設立義塾的開端。

1846
●去世，享年63歲。

【延伸閱讀】
↪ 吳學明，《金廣福墾隘研究》，2000，新竹縣立文化中心。
↪ 梁宇元，《清末北埔客家聚落之構成》，2000，新竹縣立文化中心。

目對目，心鬥陣，
阿棟師乎你飛龍飛上天……

1 他的眼睛很大，
瞪人很兇

2 他有近視眼

3 他瞎了一隻眼

4 他很會認人，
過目不忘

3 ^A 他瞎了一隻眼

台灣中部的大家族霧峰林家早期以團結善戰著稱，
林朝棟的父親林文察手下的「臺勇」曾參與征勦福建土匪，屢建戰功。
受到父親的影響，林朝棟從小就喜愛武藝，特別愛讀孫子兵法。
少年時期因練武不小心弄瞎了一隻眼睛，朋友便戲稱他為「目仔少爺」。
投效軍旅後，林朝棟官拜統領，「目仔少爺」也就變成了「目仔統領」。
林朝棟雖少了一隻眼睛，打起仗來卻一點兒也不含糊。
1884年，他率領鄉勇與法軍奮戰三貂嶺、八堵等地，立下不少戰功。
當法軍準備由淡水、基隆登陸時，林朝棟奉命駐守基隆獅球嶺，攔截法軍使敵軍無法南下，
清廷為嘉勉他的功蹟，賜給他「勁勇巴圖魯」的封號。

一個清代武功富豪的典型——林朝棟

1850~1904

霧峰林家在林朝棟的祖父林定邦時代，就已經成為台灣中部地區數一數二的大富豪了。儘管如此，林朝棟卻無法像許多富豪之後，安逸地坐享其成，他的成長過程充滿了風雨。

林朝棟出生於1850年，祖父也在這一年遭人殺害。3年後，父親林文察和叔父林文明擒獲仇人，兩人將仇人帶到父親墳前，並親手殺了仇人。林定邦的仇雖報了，林文察兄弟卻因而獲罪。之後，林文察以帶罪之身平定小刀會黨、戴潮春事件等亂事，還帶領由鄉勇、佃農組成的「臺勇」遠赴福建

人稱「目仔統領」的林朝棟。

林朝棟的父親林文察受封福建水陸提督官銜之後，奉准興建官邸，稱為「宮保第」。圖為921地震前的宮保第外觀。

征討太平軍，為清廷立下不少戰功。就在林朝棟14歲那年，父親受到太平軍的包圍，突圍失敗而陣亡。隔年叔父林文明也遭彰化知縣王文棨陷害。為了替叔父上訴，林朝棟與祖母由福州一路告到北京，耗費數年，卻毫無所穫。

1881年，當福建巡撫岑毓英來台巡視，並準備大力整治大甲溪時，林朝棟主動提供資金，並率領300多人前來協助。之後，林朝棟又捐銀20萬兩，建造大甲溪鐵橋。林朝棟的熱心協助令岑毓英非常感動，於是將他推薦給前來辦理台灣防務的劉銘傳。在中法戰爭期間，林朝棟奉命率領霧峰鄉勇2,000餘人，在三貂嶺與獅球嶺戰役中奮勇抗敵，終於擋住一路南下的法軍。因立下軍功，林朝棟被保舉為道員，加封二品，賞戴花翎。

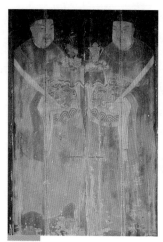
圖為宮保第大門的門神彩繪。

劉銘傳出任台灣巡撫後，對林朝棟更加倚重，指派他出任中部撫墾局長，全權處理原住民的招撫及山地墾務。林朝棟也不負所託，成功地招撫了原住民部落多達數十社，開墾的地區包括今卓蘭、大湖、大溪等地。

因撫墾有功，林朝棟獲得樟腦專賣權，霧峰林家自此邁入輝煌時期。為了經營樟腦事業，林朝棟與叔父林文欽共組「林合」公司，由林朝棟負責提煉、保安及與官方聯繫等，林文欽則負責財務管理及銷售事宜。雖然林家擁有樟腦專賣特權大約只有2年光景，便在1890年失去特權，但之後依然掌控樟腦業，由此可見林家的經商實力。

1895年，台灣進入日治時代後，林朝棟曾加入抗日行列，但眼見大勢已去，黯然離開台灣，數年後病逝上海。

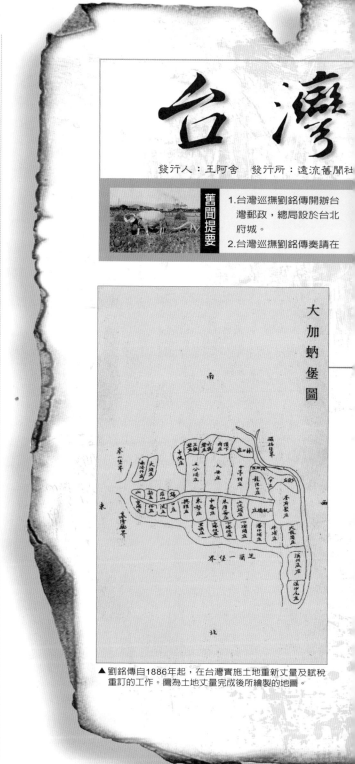

台灣

發行人：王阿舍　發行所：遠流舊聞社

舊聞提要
1.台灣巡撫劉銘傳開辦台灣郵政，總局設於台北府城。
2.台灣巡撫劉銘傳奏請在

大加蚋堡圖

▲劉銘傳自1886年起，在台灣實施土地重新丈量及賦稅重訂的工作。圖為土地丈量完成後所繪製的地圖。

台設立西式學堂，並聘請西方人士為教師。

3.林朝棟率兵平定施九緞事件。

4.台灣巡撫劉銘傳推行的清賦工作完成，清查出大筆隱田。

讀報天氣：多雲時晴

被遺忘指數：●●●○

為消弭一田多主弊端
台灣巡撫劉銘傳大力推動清賦

【本報訊】台灣巡撫劉銘傳自1886年起所推行的清賦工作，即將於本年告一段落。由於這項措施將會損及業戶的利益，包括北部的板橋林家、中部的霧峰林家等擁有不少土地的地方大家族，都面臨了必須將既得利益拱手出讓的情況，因此在此項政策推行期間，不斷有業戶向政府施壓，其中以板橋林家的林維源反對最力。由於林維源是劉銘傳在推行新政時的重要幫手，因此一般預料劉銘傳將會另外設計出一套折衷辦法。

清政府規定，凡是想開墾土地的人，都必須向官方取得墾權，並向政府繳稅，成為業戶。業戶所請得的墾地通常是一大片，光憑一己之力無法完全開墾，於是業戶們在取得土地開墾權後，通常會再從大陸老家或就

▲ 劉銘傳擔任台灣巡撫期間，林維源曾擔任多項重要職務，包括幫辦墾務大臣、台灣鐵路協辦大臣等等。圖為林維源肖像。

▲ 板橋林家在北部地區擁有龐大的土地田產水圳，為了方便收取租金和租穀，所以在各地都設有租館，主要分布在台北及宜蘭兩地。圖為林家在今宜蘭頭城所設的租館。

▲ 當佃戶長年實際耕作土地，除非佃戶繳不出租，否則墾戶不能任意撤換佃戶，因此佃戶便擁有永久使用土地的權力。

▲ 墾戶通常由頗具財力的富豪擔任，由他們提供耕牛、種籽，並開鑿灌溉水圳、修築防禦措施，再由佃農負責實際的開墾工作。

近招募鄉親來開墾，這些人就稱為墾戶。墾戶也可以再將田地租給佃農耕種，於是對於相同的一塊土地來說，便有「業戶」、「墾戶」、「佃農」三種關係人。在這種情況下，佃農向墾戶繳交小租，墾戶成為小租戶；墾戶向業戶繳交大租，業戶成為大租戶。至於租穀的計算，一般是由佃農付給小租戶收成的40％作為租穀，小租戶再分給大租戶10％，大租戶再付給官方2％。本朝中葉，漢人移民開發平原地區平埔族的土地，清廷便以平埔族為大租戶，這就是所謂的「番大租」。還有一種由軍方開墾出來的土地，稱為隆恩田，軍方就是大租戶。

在這種土地結構下，最辛苦的當然是佃農，而最容易鑽營的是小租戶，因為就單筆土地來看，小租戶的利益遠超過大租戶。但小租戶的租權因為經常轉手，容易導致地權不清。

在大租、小租並行的土地制度之下，經常發生一業二主，乃至於三主、四主的情形。劉銘傳所推行的清賦工作，其內容包括土地重新丈量及賦稅重訂，目的正是希望藉此統一全台的賦稅，使人民的賦稅負擔趨於公平，並清查所有隱而未報的田地，以及取消大租、讓小租戶成為土地的合法所有人，同時增加政府財政收入。

林朝棟年表

1850~1904

1850
●出生。

1865
●前往北京爲叔父林文明上訴。

1868
●與楊水萍結婚。

1881
●出資協助興建大甲溪鐵橋。

1884
●參與中法戰爭，駐守獅球嶺。

1886
●出任中部撫墾局長。
●討伐馬那邦部落。

1887
●取得樟腦專賣權。

1888
●平定施九緞事件。

1895
●台灣割讓給日本，遷居上海。

1904
●病逝，得年54歲。

【延伸閱讀】
⇨ 台大都市計畫研究室，《台灣霧峰林家建築圖集》，1988，
　　自立報系。
⇨ 黃富三，《霧峰林家的興起：從渡海拓荒到封疆大吏
　　1729~1864》，1987，自立報系。
⇨ 黃富三，《霧峰林家的中挫1861~1885》，1992，自立報系。

再忙，也要和你一起去伙房！

Q 開發苗栗的黃南球為了經營拓墾事業，在山區建了幾座伙房，伙房是指**?**

1 廚房

2 工寮

3 倉庫

4 住宅

4^A 住宅

通常一般人會以為公館就是指住宅，其實公館是辦理開墾事務的地方，伙房才是住宅。
靠著武裝拓墾起家的黃南球，曾在苗栗建了2所公館，和2間伙房。

黃南球的2座伙房，一座在今獅潭鄉郵局附近，並設有家塾，用來培育年輕後輩。

另一座面對著獅潭溪，舊稱打鍋片。「片」是碎片的意思。據說黃南球曾在這裡遭原住民襲擊，
並一度子彈用竭。後來他命人將鍋子、鐵片全部敲碎，以碎片充當彈頭。因碎片的殺傷力更強，
於是順利擊退了原住民。後來此地便被稱為打鍋片，直到日治時代才更名為較文雅的「和興」。
而他蓋的公館，有一個大穀倉、豬圈、牛棚、大曬穀場（兼作練兵場地）。

此外，還有一間火藥房，儲藏火銃（舊式土槍）百餘枝。屋外設有瞭望樓，掛著一面大銅鑼，
一旦有緊急事件發生，便以銅鑼警告莊民。據說，館內還有一個拘留所，作為解押匪徒的暫時牢房

苗栗內山的開墾領袖——
黃南球
1840~1919

在《台灣通史》一書中，作者連橫將黃南球與李春生、陳福謙並列為台灣三大貨殖家；又將他比諸吳鳳與吳沙，可見他在台灣開發史上的地位。黃南球因墾殖而發跡、致富的歷程充滿傳奇色彩，也備受爭議。

黃南球是中國大陸移民來台的第二代台灣人，生於1840年，父親在楊梅地區租地耕種，家境小康。11歲那年，黃父舉家搬到苗栗銅鑼灣，黃南球跟著父親在田裡工作，直到1864年，開始協助辦理金萬成墾號的開墾工作。

由於苗栗山區是賽夏族的世居地，墾民常與賽夏人發生衝突。墾戶為了安全起見，便在開墾地區設置防隘據點，並聘用羅漢腳充當隘丁。黃南球到墾號工作後，為了強化防隘功能，就改由墾民充當隘丁，而且不發口糧，由墾民自種自給。為

黃南球曾多次協助官府維持地方治安，而獲賞官職。圖為黃南球穿戴五品文職禮服及藍翎。

了保護自己的產業，墾民們不得不盡力守隘。另一方面，黃南球也率領鄉勇，對賽夏族人發動攻擊。在《台灣通史》的描繪中，黃南球臂力孔武，善於戰鬥，賽夏族人難以匹敵，遂被迫退到更偏遠的山林裡，漢人因而得以放心耕作，村落漸漸布滿苗栗山區。

1876年，黃南球自立門戶，成立黃南球墾號，積極開發今苗栗的三灣、南庄、獅潭一帶。他勇於拓荒的精神，不但為個人累積了不少財富，官方也將招撫原住民的重任託付給他。在受到官方的信賴後，黃南球的墾殖之路走得更為開闊。1881年，他被委任為新竹總墾戶；1886年，受到首任台灣巡撫劉銘傳重用，協助辦理撫墾局事務，管理新竹縣轄內的墾隘，並代收隘租。1891年，他協助官方平定桃園地區的泰雅族亂事，而獲賞戴藍翎，聲譽直達巔峰。

1895年，台灣割讓給日本，黃南球曾參與抗日活動，失敗後到中國大陸避難。

1884年中法戰爭，黃南球曾奉命督兵協防台北城，為期4個月。之後獲頒「保衛梓鄉」匾。

台灣總督考量他是地方領袖，屢次招他回台擔任公職，黃南球幾次推辭後，終於在1900年返台擔任苗栗辦務署參事，後來改任苗栗廳參事、新竹廳參事。

　　黃南球雖然以墾殖起家，卻是個精幹的生意人。他在墾殖期間經常出入山區，掌握了苗栗地區的樟腦資源，進而製腦、製材，得以迅速致富。此外，他還經營製糖業。日本時代以後，生意眼光卓越的黃南球，迅速地將經營觸角伸展到運輸業。他和陳慶龍等人合資創辦苗栗輕鐵株式會社，經營苗栗與南湖之間的鐵路運輸事業，並投資大安鐵軌株式會社。不僅如此，他還出任苗栗興產信用組合的理事，跨足於金融業。

　　勇於開創新局，又善於投資，難怪黃南球會登上清代台灣三大貨殖家之列。

發行人：王阿舍　　發行所：遠流舊聞社

舊聞提要
1. 郵政業務於1888年2月10日開辦。
2. 彰化地區1888年8月29日爆發施九緞事件。

黃、姜聯手

【本報訊】1889年黃南球與北埔姜紹祖、林振芳等客籍開墾首領，聯合組成廣泰成墾號，並已向撫墾局領得墾照。一般預料，這個組合不但會為黃南球與北埔姜家帶來更多財富，更代表著漢人的開墾勢力將會快速地進入內山地區。

　　在滿清統治下的台灣，雖然設有渡台禁令，但中國大陸移民仍如浪潮般前來墾殖。這些漢移民的墾殖區域，由西部沿海平原開始逐步向山區邁進，墾殖的形式也由非武裝的開墾（如王世傑開墾新竹），發展到集體武裝墾殖（吳沙開墾蘭陽平原和姜秀鑾開墾北埔是最有名的例子）。經過100多年的開墾後，全台灣已經田園阡陌、市鎮林立，所生產的稻米不僅可以自足，還可外銷中國大陸、日本，可說是成績輝煌。

　　然而，台灣畢竟是個小島，當適合種植的平原、丘陵多被開墾完畢後，內山地區又面臨了原住民抗爭的挑戰，因此到了19世

歷史報

1889年3月29日　穿越時空　獨漏舊聞

3. 台灣巡撫劉銘傳1888年10月16日奏
   請台灣鐵路改為官辦。

4. 黃南球與北埔姜家合組「廣泰成」墾
   號。

讀報天氣：晴

被遺忘指數：●●●●

廣泰成墾號掀起內山風雲

▲ 圖為撫墾局勘察廣泰成墾號並界定其所在範圍後，所繪成的墾界沿山形式圖。圖中的紅紙條上註明了廣泰成開墾邊界的土地關係。

▲ 這是1888（光緒14）年的古文書，內容是台灣巡撫劉銘傳命新竹縣知縣辦理廣泰成墾務相關事宜。

台灣是天然樟林的主要分布區，北部山區更是精華區。早期的農民不瞭解樟腦的經濟價值，於是砍伐了大片的樟樹林，闢為農田。直到19世紀中葉在外商的鼓動下，樟腦事業迅速飛躍，才引發了內山拓墾的風潮。此外，大家更發現台灣的山林蘊藏著豐富的建材與造紙資源，包括百年生的紅檜、杉木比比皆是，無疑是一座寶庫。能夠善用這些資源的人，自然能夠富甲一方，像黃南球就是利用豐富的山林資源，從事製腦、製材、造紙、製糖等多項產業，而成為苗栗一帶呼風喚雨的傳奇人物。

末期，台灣的墾殖活動漸漸減少。此次，廣泰成墾號的組成之所以令人側目，除了因為黃南球和北埔姜家都是內山墾務的名人之外，也意味著台灣拓墾史將由昔日的農作墾殖，朝向獲取山林資源的經濟開發；這當中更透露出原住民的生活空間勢必將再一次遭到剝奪。

▲ 1889（光緒15）年，黃南球聯合北埔姜家等客籍開墾領袖合組廣泰成墾號。圖為姜氏家族二房位於北埔的宅院。

▲ 1860年（咸豐10）清廷開放台灣四港對外通商，加上國際市場對於樟腦的需求，因而帶動山區樟腦產業的蓬勃發展。圖為工人將製成的樟腦挑下山。

黃南球年表
1840~1919

1840
● 生於桃園楊梅。

1864
● 在金萬成墾號工作。

1876
● 創辦黃南球墾號。

1881
● 主持大甲溪河堤興建工程。
● 兼任新竹縣總墾戶。

1884
● 辦理竹南二堡隘務。
● 中法戰爭期間奉命協防台北城。

1886
● 劉銘傳設立撫墾局，黃南球奉命協助辦理撫墾局事務。

1889
● 與北埔姜家合組廣泰成墾號。

1892
● 協助官兵平定泰雅族事件有功，賞戴藍翎。

1895
● 率領鄉勇抗日，失敗至中國大陸避難。

1900
● 返台擔任苗栗辦務署參事。

1902
● 獲總督府頒授勳章。

1910
● 成立苗栗輕鐵株式會社。

1919
● 逝世，享年79歲。

【延伸閱讀】
⇨ 吳文星，〈苗栗內山的拓荒者——黃南球〉，《台灣近代名人誌》第3冊，1987，自立晚報社。
⇨ 黃卓權，〈黃南球先生年譜稿〉，《台灣風物》第38卷1～4期，1988，台灣風物雜誌社。

小朋友，
你的英語是在芝麻街學的嗎？

Q 19世紀末的大稻埕商人李春生，為什麼會成為少數精通英文的成功商人**？**

1 他想考托福出國留學

2 為了和外國人做生意

3 他常跟傳教士在一起

4 為了吸收外國新知

3^A 他常跟傳教士在一起

清代民間流傳一句俗語：「番勢李仔春」，意思是指李春生因英語能力佳，且熟悉洋務，深獲外國人的信賴，因而頗具聲望勢力。

李春生出生於廈門。1842年鴉片戰爭後，清政府與英國簽訂南京條約，
除了割讓香港外，還被迫開放5個通商港口，廈門也在名單之中。
廈門開放後，許多洋商、傳教士紛紛來到廈門，廈門因而成為接觸西方文化的前哨。
在因緣際會下，李春生接觸了基督教，並受洗成為基督徒。
由於經常與外國傳教士接觸，李春生有機會學習英文，加上他的勤學苦讀，奠定了深厚的英文基礎
正因為精通英文，李春生日後得以進入洋行工作，而步上富商之路；
也因為精通英文，他比同時代的人更有機會吸收外國新知，並留下了12部著作。

台灣產業與貿易先驅——
李春生
1838~1924

1838年，李春生出生於廈門一個靠擺渡爲生的家庭裡，是5個孩子中的老么。因爲家貧，李春生輟學到街頭販賣糖果貼補生計。

或許是因緣際會，李春生4歲那年，廈門因南京條約被迫開放爲通商口岸，而成爲外國商人、傳教士聚集之所。在街頭販賣糖果的李春生，經常與教會人士接觸，後來受洗成爲基督徒，並且奠定了深厚的英文基礎。20歲那年，李春生受聘到廈門英商怡記洋行（Elles & Co.），從此他步上了這條經商之路，並專門經營進出口貿易。

在怡記洋行工作了8年，李春生頗受洋行老闆愛利士（Elles）的重視。1864年，太平天國之亂蔓延至廈門，愛利士決定結束洋行返回英國，於是將李春生介紹

李春生不但是一位成功的商人，也是虔誠的基督徒、嚴謹的思想家。

給在台灣開設寶順洋行（Dodd & Co.）的英商杜德（John Dodd）。1866年，李春生離開廈門，將生命舞台轉換至台灣。

任職寶順洋行期間，李春生積極開發台灣茶葉的產銷。他協助農民改良茶葉的烘焙技術，提升台灣茶葉的品質。1869年，他以兩艘帆船運載21多萬斤茶葉前往美國紐約，打響了「台灣茶」的名號，使茶葉成爲台灣重要的外銷產業之一。

繼寶順洋行後，李春生又受聘於和記洋行（Boyd & Co.）。在40年的買辦生涯裡，李春生不僅被訓練成一個貿易高手，更因爲熟知國際事宜、深受西方人信任，而擔任溝通華人與西方人之間的翻譯。不論在清末或日治時代，當政府需要和西方人交涉時，常會邀請李春生充當翻譯或提供意見，李春生也因而樹立了在政界的影響力。

1897年，李春生離開和記洋行，自行創業，積極投入競爭激烈的煤油市場，在

大稻埕教會眾教友合影，前排中坐者爲李春生。

李春生的後代為紀念其先祖，於1935年設立「李春生紀念基督長老教會」，會址在今日台北市貴德街。

短短5年內，便與素有「洋行之王」之稱的英商怡和洋行（Jardine Matheson & Co.）並列為北台灣兩大石油代理商，所累積的財富僅次於板橋林家，有台灣第二富豪之稱。李春生所經營的產業項目包羅萬象，除了茶和煤油外，還從事樟腦、米、糖、煤礦、布匹及其他洋貨等等，難怪當時人稱之為「台灣產業之先驅」。

一個在街頭賣糖果的少年，奇蹟似地創造了一個亮麗的商業王國。李春生的成功之道，除了善用其買辦身分外，更重要的是他能夠掌握國際潮流。經商之餘，他經常就國際情勢的體認發表文章。從1874至1893這20年間，他一共寫了95篇的時事評論，後來集結成《主津新集》出版。李春生還寫過遊記、哲學評論等等，著作多達12部。

對於社會建設，李春生也積極參與。在台灣巡撫劉銘傳主政時期，他慨然出資協助興建鐵路、負責大稻埕堤防的修築工程。身為基督徒的他，對於興建教堂、捐建學堂及各種賑災活動，更是不落人後。同時，他還擔任紅十字會、天然足會的顧問，在民間享有極高的評價。

台灣

發行人：王阿舍　發行所：遠流舊聞社

舊聞提要

1. 日人於4月1日組成台灣文藝社，發行《台灣文藝》雜誌。
2. 台灣總督府於6月14日

▲洋行是外商在中國各地所設的商業辦事處。清廷開放台灣特定港口對外國通商後，英商於1862年在台北大稻埕開辦怡和洋行。洋行今日已改建為公寓大廈。

歷史報

1902年9月10日　穿越時空　獨漏舊聞

公佈「台灣糖業獎勵規則」。

3.台北火車站於6月16日裝設公用自動電話。

4.大稻埕商人李春生與英商怡和洋行並列北台灣兩大石油代理商。

讀報天氣：晴朗
被遺忘指數：○

▲ 1860年淡水開港之後，大稻埕靠著淡水河便利的水運，成為北台灣商品貨物的集散中心。圖為淡水河今貌。

李春生投入石油代理權之爭
三達石油與怡和洋行分庭抗禮

【本報訊】根據本年度各行號在油燈市場的占有率統計，大稻埕李春生所經銷的三達石油公司，營業額占了全年油燈市場的50%，與英商怡和洋行並列為北台灣兩大石油代理商。洋行買辦出身的李春生，在1897年離開老東家英商和記洋行後自行創業，投入燈油市場，由於深諳洋行的經營手腕，短短5年即創下讓同業羨慕不已的亮麗業績。

提起洋行，本地商家莫不搖頭嘆息。洋行憑藉著雄厚的資本、老練的外銷經驗，又熟悉國際市場，故而能在外銷市場上呼風喚雨，幾乎壟斷和操縱了台灣多項產業，燈油便是其中之一。近年來由於油燈的使用日趨普遍，不僅都市連農村也都廣為使用，使得燈油市場的商機無限。無奈，燈油市場卻長期遭怡和洋行壟斷，只要一涉足，總是血本無歸，別說是本地商家，就連知名的英商德

▲ 德記洋行是19世紀英國對華貿易的大商行之一，1867年德記在台南安平設立分行，做為在台貿易的第1個根據地，主要從事砂糖、樟腦的輸出及鴉片的輸入為主。

記洋行也難以與之對決。

　　怡和洋行憑藉著早期從事鴉片貿易所累積的雄厚資本，與豐富的管理經驗，而能在各國洋行中脫穎而出，被稱為「洋行之王」。

　　怡和洋行因為取得美國石油的代理權，一手獨攬台灣的燈油市場。然而，怡和洋行再強大，終究無法避免市場的變化。1900年美國取消怡和洋行的石油總代理權，開放自由競爭，因此除了怡和洋行外，台灣其他知名洋行如：德記洋行、怡文洋行等，和本地商家都躍躍欲試。經過一番競爭，李春生不但勝過本地商家，還擊敗數家資本雄厚的洋行，與怡和洋行並駕齊驅，成為北台灣兩大石油代理商。

　　區區的買辦竟能與洋行分庭抗禮！李春生的成功，固然是因為他熟諳洋行的經營之道，更重要的是他務實、謹慎的性格，及勤於吸收新知的態度，才是他成功的關鍵。

▲ 德記洋行今已改成「台灣開拓史料蠟像館」。圖為迴廊一角。

▲ 1870年代，由於台灣北部茶葉貿易的異軍突起，吸引了許多外商到台北設行，德記洋行也在大稻埕設立了據點。圖中大廈為原德記洋行所改建。

▲ 1860年台灣開放 4 口通商以來，德商先後在高雄、淡水、大稻埕和安平等地設立了 7 家洋行；位於台南安平「東興洋行」也是其中之一，它主要經營樟腦、糖的出口貿易，並代理輪船的運輸業務。

李春生年表
1838~1924

1838
● 1月12日生於福建廈門。

1851
● 開始學英文。

1852
● 隨父親信奉耶穌，加入基督教長老教會。

1857
● 任職於廈門英商怡記洋行。

1861
● 在廈門自營四達商行，兼售茶葉。

1866
● 來台發展，出任英商寶順洋行總辦。

1869
● 將台灣茶運至紐約販賣，廣受好評，而被稱為「台灣茶葉之父」。

1875
● 擔任清朝政府洋藥釐金總局監查委員、台灣茶葉顧問。

1878
● 被任命為台北城建築委員。

1889
● 與林維源成立建昌公司，合作興建大稻埕建昌、千秋兩街的西式商店。

1890
● 擔任大稻埕碼頭建築工程負責人。

1891
● 因協建台北鐵路有功，敘五品同知銜，賞戴藍翎。

1894
● 出版第一本文集《主津新集》。

1895
● 台北城陷於混亂，倡議迎日軍進城。

1896
● 獲總督府頒授紳章。

1897
● 離開英商和記洋行，自行創業，經營茶葉、樟腦、米、煤油、布匹等，而成為鉅富。
● 捐300坪土地及日幣2千圓，於台北西門街外興建濟南街禮拜堂（今濟南教會）。

1900
● 擔任台北天然足會顧問。

1922
● 出任台灣史料編纂委員會評議員。

1923
● 獲日本皇太子裕仁授勳從六位勳五等。

1924
● 10月5日去世。

【延伸閱讀】
⇨ 吳文星，〈白手起家的稻江巨商—李春生〉，《台灣近代名人誌》第2冊，1987，自立晚報社。
⇨ 吳政憲，〈油燈、瓦斯燈、電燈——近代台灣照明之變遷〉，《台灣風物》48卷4期，1998，台灣風物雜誌社
⇨ 莊永明，《台北市文化人物略傳》，1997，台北市文獻委員會。

我來起大厝，你來喝大和解咖啡！

Q 鹿港民俗文物館原本是富商辜顯榮的故居，
當地人為什麼叫它「大和大厝」？

1 辜顯榮外號
「大和居士」

2 辜顯榮的祖籍
就在「大和」

3 辜顯榮迎日軍進城，
與日本人大和解

4 大和是辜顯榮
經營的商號

4 ^A 大和是辜顯榮經營的商號

大和行

鹿 港民俗文物館是辜顯榮於事業巔峰時期所興建的豪宅，氣派又華麗，
象徵著辜顯榮一生的榮耀。由於他所經營的商號是叫「大和行」，
於是鹿港當地人就把這棟宅子稱為「大和大厝」。
1895年，可以說是辜顯榮生命的轉捩點。那年因為迎日軍進台北城有功，
而被任命為保良局總局長（相當於現今台北警察局局長）。同時，他買下了英源茶行，
改了個日本味十足的商號──「大和行」，從事製鹽、樟腦、糖、鴉片等買賣。
由於辜顯榮善於利用政商關係，大和行的生意蒸蒸日上，全台各地都設有分支機構。
極盛時期，甚至連日本東京也有分行。

日治時代的紅頂商人——
辜顯榮

1866~1937

年輕時的辜顯榮。

在台灣近代史中，辜顯榮確實是備受爭議的，但若要說他一生的富貴得之於迎日軍進城，那就太小看他的經商之道。事實上，辜顯榮在迎日軍進城後，還曾兩度入獄呢！

辜顯榮生於1866年，1歲喪父，少年時期曾讀過幾年書，然後做買賣、結婚，30歲以前只是個小商人。直到1895年，台灣割讓給日本，日軍從基隆登陸，準備進入台北城時，許多大稻埕的商人都主張應該讓日軍順利進城，以減少傷亡損失、維持社會治安，但並沒有人膽敢去和日軍協議，後來辜顯榮出面表明願意前往水返腳（今汐止）迎日軍進城。

就因為迎日軍入城，辜顯榮一舉成名。隔年他受命為台北保良局總長，又成立大和行，前途頗為看好，雖然他後來曾兩度因遭忌而入獄，不過牢獄之災都不長。到了1898年，辜顯榮開始鴻圖大展，關鍵人物是當時的民政局長後藤新平。

為了穩定台灣社會的秩序，後藤新平採取招降安撫政策，而辜顯榮適時提出保甲制度的建議，以徵召百姓組成民兵並實行連坐責任，將防衛保安責任由軍人轉至警察。如此一來，不但穩定了社會治安，又可互相牽制。後藤新平採納這項建議，並任命辜顯榮為保甲總局局長。從此，兩人一直保持良好的互動關係。

在後藤新平的引薦下，辜顯榮成為台灣總督兒玉源太郎的座上嘉賓，屢次配合執行兒玉總督的政策。當然，兒玉總督也給了辜顯榮不少商業經營特權，像是：食鹽專賣、樟腦專賣，以及鴉片專賣等等，在日治時代，凡是具有壟斷性或特權的事業，辜顯榮都有幸參與，從此辜顯榮便人如其名，地位顯赫又榮華富貴。

除了善用

辜顯榮曾捐款興建今日的台中一中。

辜顯榮晚年仍努力維持與統治者之間的良好關係。

政商關係外，能夠掌握時勢潮流，又敢於
投機，也是辜顯榮經商成功的原因。1918
年間，由於米價與糖價高漲，辜顯榮立即
由印尼進口爪哇糖，大賺一筆。辜顯榮採
取多角化的經營，不僅名下企業遍及各行
各業，還投資彰化銀行，雖然只掛個董事
之名，卻是辜家涉足金融業之濫觴。

　　1934年，辜顯榮被日本天皇敕選為貴
族院議員，此後可說是人生最風光的一段
時間。議員的身分固然使辜顯榮的名望更
上層樓，卻也令他更加忙碌。1937年，患
有狹心症的辜顯榮在前往東京參加貴族院
召開的臨時會議時病逝，結束了他72年的
傳奇一生。

台灣

發行人：王阿舍　發行所：遠流舊聞社

舊聞提要

1.台灣瓦斯公司正式成立
　並開始營業。
2.台灣文藝聯盟於台中成

▲ 辜顯榮一生獲總督府授予不少獎章及頭銜。

歷 史 報

1934年7月24日 穿越時空 獨漏舊聞

立，由張深切出任委員長。

3.明潭第一發電廠6月30日竣工。

4.辜顯榮任貴族院議員。

讀報天氣：晴

被遺忘指數：●●●

辜顯榮任貴族院議員
紅頂商人身價漲停板

【本報訊】1934年7月24日辜顯榮被敕選為貴族院議員，在鹿港大和大厝舉辦了盛大慶祝會，各界名流雲集，盛況一時。

　　能夠獲得此一榮耀的，大概只有辜顯榮這位台灣總督府的頭號士紳了。他能有此番境遇，固然根源於1895年時帶領日軍進台北城，不過，真正關鍵還是在於他將政商關係發揮到淋漓盡致的程度。就像各朝代的紅頂商人一般，辜顯榮也是憑藉著與執政者兒玉總督的深厚關係，而享有尋常商人難以獲得的專賣特權，包括鹽、鴉片、煙草、樟腦等事業，他都積極參與。

　　辜顯榮當然不會是台灣歷史上唯一的紅頂商人。以清代而言，襄助劉銘傳進行洋務建設的林維源、李春生、洪騰雲，也都擁有良好的政商關係。而和辜顯榮同一時期的，

▲ 在辜家的豪宅──大和大厝舉行的慶祝會實況。

還有南部以製糖起家的陳中和。1895年日軍登台之際，陳中和同樣也對日方表明效勞的意願。他不僅派遣通曉日語的店員到日本軍中充當日台翻譯，還捐出自己的土地約2甲，供作日軍的軍營搭建用地，另外他還曾參與對南部武裝抗日軍的招撫行動。

為了持續維持良好的政商關係，紅頂商人們必須配合當政者的政策，例如：當兒玉總督的首席幕僚後藤新平打算創辦拓殖大學時，辜顯榮便慨然承諾捐地1,000坪；當總督府準備大力拓展台灣糖業，南部各大糖商因糖價過低而反應冷淡時，辜顯榮立即代為籠絡，並率先投資15萬日圓，陸續在鹿港、二林等地開闢蔗田、建立糖廠。

除了配合政策之外，紅頂商人們對於當權者個人的籠絡，也不遺餘力。像辜顯榮與陳中和兩人，都曾分別捐建後藤新平與兒玉總督的雕像，放置在新公園（228紀念公園）與高雄公園內。

對紅頂商人而言，與主政者保持良好的政商關係，是擴張事業版圖最重要的工作。但每逢改朝換代時，也是政商關係大洗牌的時刻。另外，憑著政商關係固然能搶先占得商機，卻也容易招惹是非，辜顯榮與陳中和都有不少負面評價，便是最佳例證。

▲ 1928年日本天皇即位大典，各界重要人士共同合影留念，其中包括來自台灣的辜顯榮（後排中）。另一為與日人關係良好的林熊徵雖然沒有到場，其肖像同樣被列入（如前頭所指）。

▲ 南台灣的糖業鉅子陳中和，與統治者的互動關係也十分密切。

▲ 日本貴族院來台訪問，辜顯榮（前排中坐者）也是負責接待的人士之一。

辜顯榮年表
1866~1937

1866
●生於鹿港。

1895
●迎日軍進台北城。

1896
●出任台北保良局總局長。
●買台北英源茶行，改名「大和行」，開始經營製鹽、製腦等事業。

1897
●台灣總督府授與紳章。

1899
●出任台北保甲局總局長。

1900
●任全台官鹽銷售組合長，獲准開發鹽田。

1905
●彰銀成立，辜顯榮參與投資。

1908
●獲得販賣鴉片特權。

1915
●赴日參加大正天皇就位大典。

1920
●創大和製糖株式會社。

1921
●被任命為台灣總督府評議員。

1923
●成立台灣公益會。

1934
●被敕選為日本貴族院議員。
●訪中國大陸，會見蔣介石等人，討論日華親善問題。

1937
●因狹心症發，去世。

【延伸閱讀】
⇨ 司馬嘯青，《台灣五大家族》，1987，自立晚報。
⇨ 葉榮鐘，《台灣人物群像》，1985，帕米爾。

好運不怕命來磨，
　好甘蔗不怕牛來磨。

Q 日治時代，由於王雪農採用新式機器製糖，而害誰失業 **？**

1 推轉石磨的人

2 壓榨糖汁的工人

3 採收甘蔗的人

4 拿鞭子喊「牛，
你快一點」的人

4 A

拿鞭子喊
「牛，你快一點」
的人

在傳統的製糖生產結構中，牛是非常重要的成員。一般來說，一個糖廍中至少需要18頭牛，其中12頭是負責轉動石輪壓榨糖汁，4頭是負責載運採收的甘蔗，另外2頭則是載運甘蔗尾作為牛本身的食料。此外，當牛從事榨汁工作時，還須有2個人在旁鞭打牛，平時則有專門看守牛的人員。在糖廍的工作守則中甚至還有這麼一條：「熬糖之牛被盜時，眾人必當協力追捕」。由此可知牛對傳統製糖業的重要性。當台灣歷史進入日治時代後，王雪農率先引進新式的製糖機器，在台南岸內庄（今台南縣鹽水鎮）創立具有壓榨能力350噸的新式製糖廠。當時許多糖商也紛紛引進歐羅拉（Aurora）、歐海育(Ohio)、乃伊兒(Niles)等廠牌的機動壓榨機。至此，台灣製糖業的產能及品質大為提升，牛在製糖事業中便功成身退。如此一來，那些負責看守牛、鞭策牛工作的人，也就跟著無用武之地了。

創立台灣新式製糖會社的先鋒——

王雪農

1869~1915

1902年對於台灣製糖業來說，是很關鍵的一年，因為在這一年台灣總督府發佈了「糖業獎勵規則」，以極優惠的條件贊助糖商改良舊式糖廍、糖間及相關的生產設備。在多重利多的誘

台南製糖界的名人
——王雪農。

惑下，台南的糖商王雪農率先創立了鹽水港製糖會社，這是第一家不含日資、由台灣人主導創立的新式製糖會社。

王雪農是台南北勢街人，祖籍福建泉州，生於1869年。年少時的王雪農，便已經流露出優異的商業稟賦。14歲時他到和興洋行當僱員，3年後，也就是17歲時就被派到日本橫濱分館當經理。一個農家子弟能夠在短短3年內由雇員升到經理，可見得

表現出色。

這一次的外派，也為王雪農的未來帶來重要的事業轉機。他一如往常把握任何學習機會，不僅藉此打下深厚的日文基礎，並與日本商界保持往來。10年後，當台灣割讓給日本時，王雪農憑著語言優勢及對日本商業市場的了解，大炒砂糖買賣，成為遊走於台灣與日本間的自由商人。1899年王雪農回到台南，被推選為三郊組合（為清代台南三郊的延續）的組合長（即今日的同業公會理事長），1903年還創立了農商銀行。

王雪農因糖而致富，因此當1902年台灣總督府提出「糖業獎勵規則」時，王雪農立即響應，隔年即以30萬日圓的資本設立鹽水港製糖會社，並在台南鹽水港（今台南縣鹽水鎮）設立具有每日壓榨原料350噸實力的岸內製糖廠。當時台灣雖然有1,000家以上的大小糖廍，但大部分業主對於總督府的政策都採取觀望態度，頂多就是利用總督府的補助金添購些機動壓榨機，將舊式糖廍做局部改良，就連發跡於清治時代的糖業鉅子陳中和，也只引進了日壓150噸的廠房設備，像王雪農這樣敢大膽投資的商人可說是寥寥可數。

王雪農的成功，刺激了富商辜顯榮和板橋林家，跟進成立了大和製糖及林本源製糖會社。不過，岸內製糖廠仍是當時最

風光的一家，它的設備僅次於日方創辦的橋仔頭製糖廠。

　　話說回來，打頭陣雖然可以占得商機、贏得大利，但有時卻也必須付出代價，特別是在殖民時代。就在日方表面上獎勵，實際上則是有計畫整頓台灣糖業的策略下，鹽水港製糖會社一過完3週年慶便被日方併購，成為台灣製糖業邁入現代化的第一個犧牲者。王雪農雖然無法保全他所創設的製糖會社，但是他在台灣糖業發展史上依然擁有相當的地位；他敢於挑戰新技術，間接帶動農工業的發展，堪稱為現代企業發展的先驅。

　　1909年，王雪農又建造斗六製糖合資會社，擔任董事長，頗有東山再起的態勢，遺憾的是，他竟然在6年後，以47歲的壯年與世長辭。

1903年，王雪農結合幾位投資者創設鹽水港製糖會社，這是全台灣第一所由台灣人為首創設的製糖會社。圖為隔年所興建的「岸內新式製糖工廠」。

台灣

發行人：王阿舍　　發行所：遠流舊聞社

<table>
<tr><td rowspan="2">舊聞提要</td><td>1.台灣總督府1月13日公佈「台灣醫師令」及「齒科醫師令」。</td></tr>
<tr><td>2.北投、新北投間鐵路完</td></tr>
</table>

▲ 1901年，台灣製糖株式會社橋仔頭製糖廠動工興建，並於隔年開始製糖。圖為矗立在平原中的橋仔頭製糖廠煙囪。

▲ 橋仔頭製糖廠的專用鐵道，是台灣第一條製糖業專屬的鐵道。圖為1907年鐵道完工後的試車實況。

工開始營業。
3.台北圓山動物園改由官營，並重新開幕。
4.台北製糖會社併入台灣製糖會社。

讀報天氣：陰有雨
被遺忘指數：●●●

日資有計畫併購　台灣製糖業暗潮洶湧

【本報訊】1910年日人在台北成立的台北製糖株式會社，由於生產成本過高，經營不善，於1916年5月30日與台灣製糖株式會社簽訂合併契約，從此成為台灣製糖會社的台北製糖所。這一樁台北製糖會社的併購案，事實上是一連串製糖會社被裁併、收買的尾聲。

　　說起台灣製糖業的歷史，1902年橋仔頭製糖廠的成立是個重要的里程碑，那一年也正是台灣製糖業進入現代化生產的關鍵。該年，台灣總督府為了貫徹台灣糖業政策，採用新渡戶稻造博士的建議，頒佈14點糖業獎勵規則，以原料補助、機器更新補助、種苗補助、開墾補助等等各種實質補助，鼓勵台灣商人投入糖業製造行列。同時還成立台灣糖務局，並在鳳山廳的橋仔頭（高雄縣橋頭鄉）設立第一座新式製糖廠，從國外引進壓榨

▲ 在蒸汽火車頭尚未引進之前，牛隻仍然是運輸甘蔗的主要動力來源。圖為牛隻在輕便鐵道上牽引滿載甘蔗的車廂。

▲ 台灣製糖業從甘蔗種植到蔗糖生產的製糖過程，不斷在尋求創新與改革。圖為農人以畦立機進行整地作業。

機、分蜜機、效用罐等現代化製糖設備。從此之後，台灣製糖業便由以牛牽拉的舊糖廍，進入全新的機械化生產。

　　為了加速糖的外銷，1905年橋仔頭有了電話線，1908年開始動工興建橋仔頭製糖工廠專用的甘蔗鐵道，隨後五分仔車及輕便軌道紛紛成為蔗糖生產運輸的生力軍。1924年，釜山丸和福岡丸兩艘大船開始航行於鄰近橋仔頭製糖廠的打狗港（高雄港）與日本各商港之間，不但加速了糖製品的運輸，更帶動了打狗港市的繁榮。

　　橋仔頭製糖廠的成功經驗，以及總督府所釋出的一連串利多，使得新式製糖廠在台灣如雨後春筍般蓬勃發展。台南糖商王雪農於1903年率先成立鹽水港製糖會社，高雄糖業大老陳中和緊跟在後，也在鳳山創立新式的製糖會社，辜顯榮和板橋林家也都紛紛跟進，成立了大和製糖及林本源製糖。

　　然而，台灣總督府的「糖業獎勵規則」，其實並非真的要造福台灣商人，結果反而是獨占台灣糖業。對總督府來說，發展台灣糖業一來可鞏固殖民地的統治基礎，二來可供應日本大量的砂糖需求。於是從1907年開始，王雪農創辦的鹽水港製糖便被日方強行收購；連擁有良好政商關係的辜顯榮、板橋林家、陳中和名下的糖廠、蔗田，也陸續被一一併購，無一倖免。台灣的製糖業逐漸成為大日本、明治、台灣及鹽水港4大家壟斷的局面。

▲ 甘蔗種植過程的施肥階段，圖中農人細心地逐株施灑化學肥料。

▲ 甘蔗收成前必須先檢查甘蔗汁的濃度、甘蔗的成熟度，再來決定甘蔗的採收日期。圖為忙著測量記錄各項數值的工作人員。

王雪農年表
1869~1915

1869
●生於台南。

1882
●任職於和興洋行，擔任僱員。

1885
●出任和興洋行日本橫濱分館經理。

1899
●創台南三郊組合。

1903
●創辦鹽水港製糖會社。

1907
●鹽水港製糖會社與岸內製糖廠被日人收購，改稱「鹽水港製糖株式會社」與「鹽水港製糖岸內製糖所」。

1909
●創立斗六製糖合資會社。

1915
●去世，得年47歲。

【延伸閱讀】
⇨ 張宏謨，〈早期臺灣傑出的糖界名人——板橋林家、陳中和、辜顯榮、王雪農〉《台灣風物》42卷4期，1992，台灣風物雜誌社。
⇨ 謝玲玉，《鹽水港的老照片》，1997，台南縣鹽水鎮公所。

說到做生意，我的點子最多·

Q 陳中和是日治時代鼎鼎大名的糖業鉅子，
他最喜歡做什麼投資 **?**

1 買土地

2 種甘蔗

3 蓋房子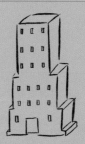

4 經營遊戲夢工廠

1^A 買土地

陳家在高雄素有大地主之稱，得因於陳中和大力投資土地事業。
陳中和是從事糖業出口致富的，為了確切掌握蔗糖原料，及避免與佃農間發生
不必要的土地爭執，於是有錢就買地，這也是陳家從糖商身分轉變為大地主的關鍵。
陳家名下的土地究竟有多少呢？從以下資料可以窺知一二：高雄醫學院附屬醫院
和體育場所使用的土地，都是陳家捐贈的。另外，高雄的三商百貨、家樂福、長鶴餐廳、
冠天下理容院、五月花消費廣場，及奇美、雙美和西北保齡球館等營業場所的土地，
都是向陳家租來的。

日治時代的糖業鉅子——
陳中和
1853~1930

1853年出生在台灣南部的陳中和，日後帶動了打狗（今高雄）地區的繁榮，並在台灣糖業史上占有舉足輕重的地位。

以製糖業起家的陳中和。

陳中和出生於打狗一個貧窮家庭，曾上過幾年私塾，16歲時進入順和行當伙計。順和行的老闆就是清末台灣南部的糖業鉅子陳福謙，他經營米、糖的出口生意，做生意的手法相當靈活。陳福謙的經營方式，是先貸款給蔗農，等收成時加以收購。藉由這種方式，他得以掌握打狗地區大部分的蔗糖原料，而成為打狗地區主要的糖業出口商。由於當時外銷大多受到外商洋行控制，本地商家獲利有限，陳福謙很想自創通路。1869年，他帶著陳中和前往福州、廈門、廣州和香港，視察糖的銷售情況，同時攜運鴉片、石油等雜貨回台銷售。這趟商務之旅，更堅定了陳福謙擴展海外市場的雄心。4年後，在陳福謙的策畫下，由陳中和押運蔗糖，從打狗啟程經廈門抵達日本橫濱，終於打開了台灣糖直銷的管道。陳中和還為順和行設立了大阪、神戶、九州等分棧，作為開拓日本市場的基地。那年陳中和才21歲。

年紀輕輕的陳中和，已經展露出熟練的商業才幹，因而深受陳福謙賞識。1883年，陳福謙去世前，曾留下「中和必須重用」的遺言，然而其子女卻與陳中和不和，導致陳中和脫離順和行，自行創立「和興行」。

1895年，台灣進入日治時代，這一年，也是陳中和生命中的重要轉捩點。陳中和因為提供土地供日軍搭建臨時守備兵舍，而成為抗日行動的攻擊目標。1896年，抗日分子林少貓襲擊和興公司，陳中和受到重傷，舉家遷往福建

陳中和與兩個兒子合影。左起依序為陳中和、四男陳啟峰、長男陳啟貞。

陳中和探望在東京留學的兒子。左起為陳啓貞、陳啓南、陳
啓瀛、陳中和、陳啓亨。

廈門。隔年秋天，在台灣總督的邀請下，
陳中和又回到台灣，並接受「勳六等」的
名銜。此後，陳中和的政商色彩更爲濃
厚。他多次爲日本政府效力，台灣總督也
給予多項產業特權，短短幾年內，陳中和
一躍而成爲南台灣的新富豪。

　　時局的變遷讓陳中和的產業更上層
樓，但眞正展現陳中和的商業才華卻是在
1906年。那年，由於日俄戰爭的影響，糖
價大跌，陳中和竟負債52萬圓。他一面向
糖務局斡旋，一面向台灣銀行申請貸款，
增加設備，將製糖量提高爲原先的3倍，
同時修建12英里的輕便鐵道，以便利蔗糖
運輸，陳中和經商的大膽與遠見，由此可
見。僅僅3年的時間，陳中和便償還了所
有負債，從此，糖業鉅子的寶座也就坐得
更加穩固了。

台灣

發行人：王阿舍　發行所：遠流舊聞社

舊聞提要
1. 板橋林家創立「大觀義
　　學」。
2. 加拿大籍宣教師馬偕在
　　五股坑成立教會。

▲ 陳中和所創辦的新興製糖株式會社，是台灣人投資興建的
　製糖工廠中，規模最大的一座。圖為製糖工廠外觀與廠外
　的蔗園。

▲ 新興製糖株式會社的製糖工廠，榨蔗能力可達150噸。

3.陳中和代表順和行運載450噸蔗糖，於6月底
　抵達日本橫濱。
4.日本陸軍少佐樺山資紀等人於7月1日來台從
　事調查與情報蒐集。

讀報天氣：晴時多雲
被遺忘指數：●●

陳中和物產株式會社
社長　陳　啓　峰
電話　八番（本社）
　　　九番（工場）

順和行將台灣糖直配日本
拓展海外市場可不受洋行牽制

【本報訊】今年4月，順和行的伙計陳中和載運了450噸蔗糖，自打狗啓程，經廈門，於6月底順利抵達日本橫濱，成功開創了台灣人直接將蔗糖外銷至日本的事業。

自從1860年代打狗開埠以後，外商紛至，使得台灣不得不改變過去以中國大陸地區為主的出口貿易，轉變為全球性貿易。然而，由於當時國際貿易還不成熟，本地商人不知如何從事外銷，只好任由外商洋行牽制。洋行在熟悉台灣產業後，直接向農民進貨，嚴重威脅本地商人的生機。

陳福謙獲悉日本自1868年明治維

▲ 製糖工廠內用來運輸原料及成品的輕便鐵道。

新以來，放棄鎖國政策，開放各國通商，於是決心親自押運蔗糖至日本，為順和行開創一條新的銷售管道。此趟台灣糖外銷之旅，由陳中和領軍。抵達日本橫濱後，陳中和聯絡當地兩大商社——大德堂與安部幸商店，將蔗糖分銷至日本各地。之後，陳中和將貨款透過日本銀行匯至香港，並在返航時順道至香港購買鴉片、石油及中國大陸知名的雜貨回台銷售，以達成內外銷同時進行。

為了架構完善的日本分銷網路，陳中和並計畫進一步為順和行在日本設立橫濱、長崎、神戶、九州等分棧，以便完全掌握台灣糖在日本的銷售管道。

可以想見的，台灣糖直銷在未來不但會讓順和行大獲其利，更會擴大台灣糖外銷日本的產量。

陳中和不但為順和行賺進高額利潤，也展露了個人的商業才華，一般預料他將是台灣糖業界的明日之星。

▲ 陳中和在打狗擁有不少土地。圖從旗山眺望打狗市街。

▲ 陳中和除了致力於製糖業外，也積極發展其他產業。圖為「陳中和物產株式會社」的碾米工廠，在當時是首開新式碾米工廠風氣之先。

▲ 陳中和於1910年創辦的「烏樹林製鹽株式會社」。圖為會社外觀。

製品記號
新興製糖株式會社

SAA
SBB
SHR

電話鳳山三〇番

1853
●生於高雄苓雅寮。

1868
●進入順和行當伙計。

1869
●隨陳福謙至廈門等地賣糖及買鴉片。

1873
●親自押運蔗糖至日本。翌年管理順和行橫濱棧。

1883
●陳福謙去世，陳中和回打狗主持順和行業務。

1887
●脫離順和行，另組和興行，經營米、糖出口。

1896
●因提供攻台日軍資源，遭抗日分子林少貓襲擊，舉家暫避於廈門。

1897
●於年底回到台灣，並獲總督府敘勳六等，頒授瑞寶章。

1899
●誘降林少貓。

1901
●出任總督府南部鹽務總館長。

1903
●創設南興公司，是台灣新式碾米工廠的濫觴。

1904
●創設新興製糖工廠於鳳山郡山仔頂（今高雄縣大寮鄉）。

1907
●為提高產能，向台銀借款34萬圓，修築輕便鐵路12英里。

1910
●創辦烏樹林製鹽公司於今高雄縣永安鄉新厝村，闢有鹽田百餘甲、魚塭百餘甲，並敷設輕便鐵軌，經營岡山至赤崁、岡山至燕巢、烏樹林至路竹等三線輕便車。

1925
●陳中和物產株式會社、新興製糖會社與農民發生土地糾紛。

1930
●因急性腸胃病去世。

【延伸閱讀】

⇨ 林滿紅，《茶、糖、樟腦業與台灣之社會經濟變遷1860-1895》，1997，聯經。

⇨ 楊碧川，《高雄縣簡史‧人物志》，1997，高雄縣政府。

⇨ 謝德錫，〈南台灣的糖業鉅子─陳中和〉，《台灣近代名人誌》第5冊，1990，自立晚報社。

紅茶不稀奇，香檳踢一邊，
看來看去，還是左岸咖啡尚甲意！

Q 茶商公會會長吳文秀不在台灣賣茶葉，到巴黎去做什麼 **?**

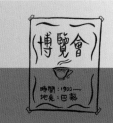

1 去看有的沒的

2 看康康跳大腿舞

3 暢遊塞納河

4 和歐美茶商到左岸喝咖啡

1 ^A 去看有的沒的

出身大稻埕的茶商吳文秀，在1897年被選為台北市茶商公會理事長。
他是一個觀念十分先進的茶葉商人，時時刻刻都在動腦筋要將台灣茶葉推入國際市場。
1900年法國巴黎舉辦萬國博覽會，他當然不會放過這個大好機會，
舟船奔波將近兩個多月之後，他踏上歐陸的土地，
連欣賞康康舞、喝杯左岸咖啡的時間都沒有，
就馬上開始考察西方的茶葉製作方法與行銷管道。

日治時代大稻埕的茶商——
吳文秀

1873~1929

大稻埕的「港町」（今台北市貴德街），是面臨淡水河河岸的著名「茶街」。街上有德記、怡和等跨國公司的洋行，也有幾十家大型的本土商號，其間位於基督教長老教會李春生紀念教堂斜對面的一棟兩層樓洋房，便是日治時代茶葉鉅子——吳文秀的居處。

吳文秀勇於學習新的製茶方法，而不墨守成規。

吳文秀出生於1873年，自幼家人便送他到中國大陸讀書，17歲時畢業於廈門的學海學院，該校是由美國人所經營的教會學校，所以他的英文造詣也不錯。

吳文秀的父親在大稻埕經營茶行，將茶葉輸往廈門，業績甚佳。吳文秀在耳濡目染之下，對於經營茶葉生意也頗有興趣，常與父親研究改良茶葉品質和經營茶行的方法。

為了進一步了解國際貿易，吳文秀進入美商美時洋行服務，雖然僅經歷短短3年，但是他很快就摸熟了國際貿易的經營之道，也因此決心自行創業。他辭去高薪的工作，自力籌備良德茶行。

1897年，年僅25歲的吳文秀被選為台北市茶商公會會長。為了拓展外銷業務，在1900年他代表台灣茶商，前往法國巴黎參加萬國博覽會，希望能有機會將台灣茶推進歐洲市場。雖然台灣茶葉的運銷管道長期都被洋行把持，短期內難有重大突破，不過吳文秀也不是沒有任何收穫，他順道考察歐美商務，並帶回製茶的改良方法，因此贏得時人對他的讚譽：「近時興販者大，可謂文秀之力也矣！」

之後，爪哇地區宣佈禁止台灣茶進口，一時之間引起茶商的大恐慌，深怕失去重要市場。吳文秀連忙趕往東京，

吳文秀搭乘輪船前往巴黎。

向日本政府請願，要求政府以外交方式與爪哇當局談判交涉，最後終得解除禁令。

1900年9月28日，孫文首次踏上了台灣的土地。這位矢志推翻滿清、肇造民國的革命家，來台的目的是為了策畫惠州起義。根據當時《台灣民報》的報導，在孫文停留台灣的期間，吳文秀「與他周旋，無微不至」、「兩人一見如故，過從甚密」。在孫文來台的一個月當中，吳文秀不但熱情款待，並且慷慨解囊資助中國革命，甚至還協助籌辦《中國日報》。

吳文秀經營茶葉生意，一直都有不錯的成績，也因此讓他想把經營觸角伸展到其他方面。他陸續投資了樟腦業、金礦業及製酒業，但各項轉投資並不順利，使得他最後心灰意懶，辭退一切職務，退休在家，等待東山再起。不料，1929年他卻因盲腸炎病逝，時年57歲。

發行人：王阿舍　發行所：遠流舊聞社

舊聞提要

1. 《台灣新報》及《台灣日報》於1898年5月1日合併為《台灣日日新報》。
2. 台灣總督府於1898年

茶葉帶來就業人潮

【本報訊】根據1898年各地區的人口統計，大稻埕已突破3萬大關，遙遙領先艋舺（23,767人），成為僅次於台南（47,283人）

▲ 大稻埕的貴德街在清末是台北最繁榮的地方，不少洋行、富商、外僑聚集在此。

的全台第二大城。大稻埕的崛起，茶葉可說是首要的功臣。

大稻埕原本只是艋舺附近的一個小村子，卻因為作為茶葉的集散地及加工地，而聚集了大批就業人口，從採手、茶師、箱工、茶販、茶商，乃至搬運工、車伕，粗略估計大約有30萬人投入製茶行業中。過去，窮人家的女孩大多賣身到富豪之家充當婢

歷 史 報

1899年1月30日　穿越時空・獨漏舊聞

11月5日頒佈「匪徒刑罰令」。
3. 台灣總督府為北台灣抗日首領陳秋菊舉行歸順典禮。
4. 1898年度人口統計結果，大稻埕人口總數之多躍居全台第二大城。

讀報天氣：陰雨
被遺忘指數：●●●○

▲ 台灣茶一向是台灣出口貨物的大宗。圖為採茶的少女。

大稻埕躍居全台第二大城

▲ 清朝末年是大稻埕茶葉出口生意的極盛時期，大稻埕的亭仔腳下通常坐滿了撿茶的婦女。

女，但茶葉興起後，女孩多了採茶工作的選擇，竟造成婢女短缺，使得婢女的身價在短短20年間，提升了2至3倍呢！

▲ 法主公廟是大稻埕三大廟宇之一，更是茶商的信仰中心。圖為近年改建後的法主公廟。

不同於米、糖以中國大陸為主要銷售市場，茶葉買賣走的是國際貿易路線。最早將台灣烏龍茶帶入國際市場的是英商杜德（John Dodd），在買辦李春生的協助下，杜德於1869年首次將烏龍茶打入紐約市場，大受歡迎，從此Formosa Tea 揚名國際。到了1870年代，除了杜德的寶順洋行外，還有德記（Tait & Co.）、水陸（Brown & Co.）、和記（Boyd & Co.）和愛利士（Elles & Co.）等4家洋行在大稻埕設立公司，從事茶葉的外銷貿易，台灣茶業也隨之邁入黃金時期。

由於與外商交涉，易於掌握先機，因而塑造了一些知名的買辦，李春生乃是當中翹楚；同時也造就出許多富商，如吳文秀、陳朝駿、陳天來等都是因製茶、賣茶而致富。

茶葉因種植在山坡地，不必與米、糖爭地，不僅增加台灣的土地邊際效用，連帶地也加速了鄉鎮的發展，石碇、深坑、三峽和大溪等地，都是因茶葉而興起的城鎮。此外，茶葉的出口貿易額，還逐年超越糖的出口值。進入1890年代後，北部的貿易額（茶

▲ 這座位於貴德街上華麗的洋樓建築，是大稻埕茶商陳天來的住宅。

和樟腦）已為南部的2倍，台灣南北的經濟地位因而逆轉，間接導致台灣政經重心北移。

一片小小的茶葉，竟對台灣經濟與社會產生如此大的影響！

▲ 位於甘谷街的台北茶商業大樓，是今日台北市茶業公會所在地。

吳文秀年表
1873~1929

1873
●生於台北大稻埕。

1890
●從廈門學海書院畢業。

1897
●擔任台北市茶商公會會長。

1900
●參加在巴黎舉辦的萬國博覽會。
●獲台灣總督府授佩紳章。

1929
●病逝。

【延伸閱讀】
⇨ 林滿紅，《茶、糖、樟腦業與台灣之社會經濟變遷（1860-1895）》，1997，聯經。
⇨ 莊永明，〈茶葉鉅商吳文秀先生〉，《台北市文化人物略傳》，1997，台北市文獻委員會。

黃金純度999，
假牙首飾兩相宜

1 他的膚色像黑炭，
滿嘴金牙

2 年輕時曾當礦工，
挖過煤炭與黃金

3 喜歡吃炭烤牛排、
喝金門高粱

4 是煤礦與金礦的
大老闆

4 ^A是煤礦與金礦的大老闆

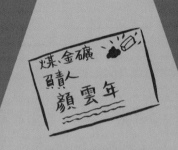

煤、金礦
負責人
顏雲年

從相片來看，顏雲年長得眉清目秀，膚色既不黑，也沒有滿嘴金牙。
至於炭烤牛排和金門高粱，在他那個年代好像還不怎麼流行。炭王金霸的封號，
是源自於他的事業──金礦和煤礦。1897年，23歲的顏雲年以初生之犢的勇氣，
拿著向親友借來的5百圓和一點存款，向日本人承租一小區域的金礦開採權。
九份地區許多被日本人視為廢坑的礦區，在顏雲年的經營下竟大獲其利，
不僅開創出九份地區黃金礦產的風光歲月，也奠定了顏雲年個人的事業基礎。
和許多成功的商人一樣，顏雲年具有精準、銳利的商業眼光。他看出基隆港的發展必定會帶動
煤礦燃料的市場，因此，1918年就與日本人合資開設台北炭礦株式會社（台陽礦業的前身），
煤產量竟占全台的三分之二。
顏雲年在金礦、煤礦獨領風騷，難怪會被稱為炭王金霸。

台陽礦業王國的
顏氏兄弟——
顏雲年
1873~1923
顏國年
1886~1937

早在清朝中葉，顏雲年的父祖便在基隆附近的四腳亭開採煤礦。不過，從事煤礦事業並不是顏雲年最初的志向。就像當時許多青年一樣，顏雲年的志趣在科舉。他從小遊學在

顏雲年肖像。

外，幾次到福建參加科舉，但都鎩羽而歸。20歲那年，因甲午戰爭，台灣改由日本統治，仕途無望的顏雲年於是回到瑞芳老家，在九份礦場裡擔任巡查補兼翻譯。

1898年對顏雲年來說，是開創性的一年。當時擁有九份礦區的藤田傳三郎因為經營不善，決定開放部分礦區讓台灣人承租。才23歲的顏雲年，向親友借了5百圓，加上當巡查補所積存的薪水，大膽地承購了基隆河沿岸的部分礦權，正式邁入金礦行業中。隔年又設立金裕豐號，兼辦礦區的雜貨買賣，舉凡礦工的生活必需品、採礦器材等，都在

顏國年曾擔任台灣總督府評議員。

他的經辦範圍，而且生意欣欣向榮。

1918年，顏雲年又以30萬日圓，承購了藤田名下的瑞芳礦場。顏雲年發現藤田經營失利的原因在於採用集中管理制度，又獨占其利，無法激勵工人的採礦意願，於是他改採三級承包制的經營政策，將礦區分為7個區域，轉租給有意開採之人。在獲利共享的前提下，工人積極採礦，黃金產量高達1萬5千兩，寫下台灣產金史上輝煌的一頁，同時帶動了九份地區的繁榮。

顏雲年所建構的礦業王國中還有另一個重要支柱，那就是煤礦。跨足煤礦，固然是繼承祖業，但也展現了顏雲年商業智慧。一次世界大戰之後，景氣普遍回升，因此不少人投入開採煤田的熱潮之中，顏雲年也在1918年與藤田平太郎合資開設「台北炭礦株式會社」，積極開發北台灣的

30歲時的顏國年。

煤田。兩年後，顏雲年與日人賀田金三郎合資，買下藤田組的股分，改組台北炭礦，更名為「台陽礦業株式會社」，並整合瑞芳金礦，將金、煤兩大礦業結合為一，奠定了台陽關係企業日後的發展基礎。

顏雲年未滿50歲，便已跨足金、煤兩礦，可謂躊躇滿志，可惜於1923年因病去世。顏雲年去世後，由弟弟顏國年繼承台陽產業。

顏國年經營台陽時期，正值日本大舉進攻中國，台灣煤礦運銷中國大陸因而受阻，產銷慘澹。1931年日本取得中國東北，其後大量將撫順的煤礦廉價傾銷至台灣，使得台灣煤礦雪上加霜，歇業或廢坑的消息頻頻傳出。在此情形下，顏國年一面積極整頓礦區，一面減低成本，台陽因而度過景氣寒冬，更具國際競爭力。

顏國年雖不善於開疆闢土，卻具有管理長才。他本著蕭規曹隨的原則，將兄長留下的產業發揚光大，為顏家下一代立下鞏固的基礎。台陽企業能風光走過半個世紀，顏國年具有絕大的貢獻。

發行人：王阿舍　發行所：遠流舊聞社

舊聞提要

1. 林獻堂率領173人連署台灣議會設置請願書，並送交日本帝國議會。
2. 新店、艋舺間萬新鐵路

▲ 石底運炭鐵道（今平溪線支線鐵路）菁桐坑的火車裝載場。

▲ 今日的平溪線支線鐵路菁桐站。

完工通車。

3.台灣總督府廢除鞭刑（即笞刑處分例）。

4.台灣北部的石底運炭鐵道完工通車。

讀報天氣：晴空萬里

被遺忘指數：○

石底運炭鐵道完工
打開北台煤礦發展契機

【本報訊】繼1910年基隆港整建就緒後，石底運炭鐵道也於1921年7月3日竣工，預料將為台灣北部的煤礦業，帶來新的發展契機。

　　早在明末清初，台灣北部的基隆一帶便以蘊藏豐富的煤礦資源聞名，然而清朝政府卻以「恐傷龍脈」而禁止人民開採。直到1870年，因大力推行洋務運動，清朝政府深知燃料對於交通運輸的重要性，才解除開採禁令，並於1876年成立八斗子官礦，預備大力開採。不過，北台灣群山環繞，當時人煙稀少，煤田又深藏於地底，不僅開採困難，運輸也是一大問題，官礦最終因為經營困難而關門大吉。

　　1895年之後，靠著金礦起家的顏雲年，看準了基隆港建成，航海事業必隨之起飛，做為燃料之用的煤礦必然具有廣大的市場需求，於是與日本人共同設立「台北炭礦株式會

▲ 菁桐火車站外觀現況。

▲ 台北炭礦株式會社後來改組為台陽礦業。圖為台陽礦業瑞芳礦業所選礦場全景。

社」，來進行北台灣煤礦的開採。

　　開採北台灣的煤礦，除了技術層面的考驗，最大的難題還是在於交通運輸。由於煤田位於群山之中，有人認為最簡單而經濟的運輸方法是架設空中索道，但顏雲年卻認為空中索道固然便利，卻只能運輸煤礦，對地方開發沒有直接貢獻，因此他獨排眾議，極力推動鐵道興建計畫。1918年，石底運炭鐵道開工，沿著基隆河中上游開鑿，從宜蘭線鐵路三貂嶺分線起，至終點菁桐坑，全長12.9公里。但因全線沿著基隆河上游溪岸施工，沿途需要開崖鑿洞，工事極為艱鉅，總共耗資230萬日圓，於1921年完工。

　　石底運炭鐵道完工後，每年得以將20萬噸的煤礦運往基隆，再由基隆港輸出，奠定了台灣北部煤礦的百年開採大計，更為平溪、菁桐、瑞芳等山區聚落帶來了繁榮景象，當地居民的民生日常輸出、煤礦礦產的輸出，都仰賴這條扮演「臍帶」角色的鐵路。

▲ 1918年，顏雲年分別與人合組台北炭礦與基隆炭礦株式會社。圖為基隆炭礦株式會社瑞芳一坑。

▲ 礦業工人精煉煤炭實況。

顏雲年、顏國年年表
1873~1923、1886~1937

1873
●顏雲年出生。

1886
●顏國年出生。

1899
●顏雲年承包小粗坑一帶，組「金裕豐」號，開採金礦。

1900
●顏雲年承包區域擴及大粗坑、大竿林砂金區，部分自營，部分轉租。
●顏雲年組「金盈豐」號，在九份設置事務所。

1903
●顏雲年與蘇源泉合創雲泉商會，統籌辦理礦山勞務，提供藤田組經營的日常必需用品。
●顏雲年首次前往日本，參加第5回國內勸業博覽會。

1910
●顏雲年參與北台詩社「瀛社」聚會。並被推舉為總督府評議員。

1912
●顏雲年設立基隆輕鐵株式會社，興建基隆與猴硐間之輕便鐵路。

1918
●顏雲年與日本藤田組合組台北炭礦株式會社，顏國年擔任常務取締役。
●顏雲年與日本三井財團合組基隆炭礦株式會社。

1920
●顏雲年與日人賀田金三郎合資，買下藤田組股份，改組台北炭礦，更名為「台陽礦業株式會社」，顏國年擔任取締役。
●顏國年改組海山輕鐵株式會社，並擔任社長。

1921
●顏雲年捐資興建基隆博愛館，收容無家可歸的貧民。

1923
●顏雲年染上風寒，未能靜養因而一病不起，得年50歲。
●顏國年繼承其兄事業，主持台灣興業信託組合、基隆商工信用組合等社務，並出任台陽社長。

1927
●顏國年擔任總督府評議員。

1929
●創瑞芳輕鐵株式會社，興築九份、金瓜石對外聯絡的輕便鐵路。

1937
●顏國年去世，得年51歲。

【延伸閱讀】
✧ 唐羽，《台陽公司八十年志》，1999，台陽股份有限公司。
✧ 戴寶村，〈創建台陽礦業王國-顏雲年、顏國年〉，《台灣近代名人誌》第2冊，1987，自立晚報社

有青才敢大聲，
有墨才有好名！

他可以左手寫書法、
右手畫水墨

他致力於墨子的
實用之學

他擅長料理、
墨魚大餐尤其拿手

他兼做「勝大莊」
筆墨生意

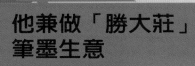

2^A
他致力於墨子的
實用之學

樹林的製酒名人黃純青。

黃 純青確實寫的一手好書法，也喜歡詩詞書畫，曾創立薇閣詩社，
舉辦過第一屆的全國詩人大會，不過這並不是他被稱為「墨學傳人」的原因。
大家稱他為「墨學傳人」是因為他畢生致力於墨子的實用之學。
黃純青自小即展露過人才華，有神童美稱。生於清朝末年的他，和當時多數文人一樣，
都想在科舉仕途中揚名立萬，因此勤學苦讀。然而他的科舉夢卻因台灣割讓給日本而幻滅。
在異族的統治下，黃純青深刻感受到作為一個儒生的無力感，於是放下書本，
轉而發展實業、從事地方建設，希望藉由實際的作為，來實踐抱負。由於黃純青固守墨學精神，
凡事腳踏實地，不但成就了自己的一番事業，也造福鄉里，因而得到了「墨學傳人」的雅號。

打響台灣紅酒名號
第一人——
黃純青
1875～1956

　　提起紅酒、白酒，大家一定會不約而同地想起紅葡萄酒和白葡萄酒。在日治時代，台灣民間也有紅白酒的稱呼，白酒指的品質較低劣、價錢較便宜的米酒、蕃薯酒之類，紅酒則是紹興、老酒、玫瑰露等色澤較深的酒品。

　　說到當時的台灣紅酒，不得不提起黃純青，他可以說是打響台灣紅酒名號的第一人。

　　黃純青生於清光緒年間，12歲時便以能寫成篇的八股文而聲名大噪，大家都認為他將來不中個進士，起碼也是個舉人。18歲那年，黃純青信心滿滿地去應試，卻因一時掉以輕心而名落孫山。他原想隔年東山再起，沒想到甲午戰爭爆發，之後台灣割讓給日本，黃純青的命運因而出現大逆轉。

　　在異族的統治下，黃純青發現空有滿懷的理想和學問是很難發揮的，因此棄學經商，以7百元日幣與友人合資開設了「樹林造酒公司」。當時台灣的紅酒釀造技術並不普及，本土又不產紅麴，所釀造的大多是白酒。黃純青看準了紅酒市場，於是從中國大陸引進紅麴。以蒸熟的糯米加上紅麴，混和米酒所釀製出來的紅酒，色澤紅中帶黃，氣味芬芳，名噪一時，大獲利市。樹林紅酒公司的營業額急遽成長，十年之間便擴展成法人組織，於1920年改組為「樹林紅酒株式會社」，紅酒的生產量占了全台總產量的三分之一，與宜蘭製酒株式會社、龍泉製酒商會並列為台灣三大製酒公司。

　　樹林紅酒的成功，不但使得黃純青蒙受其利，樹林地區也跟著受益。黃純青為了讓釀酒時所產生的酒糟物盡其用，便低價賣給農民餵豬，又教導農民用豬屎當做農作肥料，結果連帶使得樹林地區養豬業與農業蓬勃發展，樹林地區因而贏得了「東亞第一養豬村」的美稱。黃純青以釀酒業帶動養豬業與農業，當時地方上流傳著一句俗語：「擔糟即擔肥」（一擔酒糟等於一擔肥料），可說是他

黃純青所創設的樹林酒廠外觀，酒廠於1922年被台灣總督府專賣局所徵收。

善於經營的最佳寫照。

　　樹林紅酒在台灣打響名號，黃純青準備將其推廣至中國大陸及南洋一帶，不料台灣總督府卻於1922年實施酒類專賣制度，兩百多家釀酒廠遭到禁業，樹林紅酒自此走進歷史。

　　除了經營實業，黃純青也致力於服務鄉里，他曾擔任樹林庄長、區長、信用及畜產組合長、桃園水利組合評議員等多項公職，其中樹林區長與鶯歌庄長的任期共計長達33年，因此他在地方上具有相當的影響力。1932年，由於日本國內稻米年年豐收，日本當局為了保護日本農業，決定禁止台灣稻米輸出日本，這項措施勢必造成台灣農民重大損失，黃純青毅然組織「反對限制台米移入內地期成同盟會」，代表台灣農民到東京抗議。黃純青拜會了日本首相及各界領袖，說明台灣農民的處境。在一連串的抗爭動作之下，日本當局最後取消該項措施。

　　由於時局的變遷，迫使黃純青致力於墨學，但他未忘情於文學。戰後，他創立薇閣詩社，倡辦全國詩人大會，擔任台灣文化協進會監事、台灣省通志館主任委員。晚年他移居台北圓山自建的宅邸——晴園，自稱晴園老人，經常邀集友人至家中賞花、吟詩，生活極為優閒寫意。

台灣

發行人：王阿舍　　發行所：遠流舊聞社

舊聞提要

1. 總督府於1月8日公佈實施「治安警察法」。
2. 日本皇太子裕仁決定4

酒類專賣開始實施

【本報訊】繼鴉片專賣、樟腦專賣和煙草專賣之後，台灣總督府又於1922年7月1日施行台灣酒類專賣制度。此制度實施之後，全台兩百多家民間釀酒業者都將被迫停業。

　　台灣總督府在台灣實行專賣制度已不是新聞，不過酒專賣卻有兩項不同於以往的特點：一、採取從製造到販賣的「完全專賣」，也就是說，往後只准官方釀酒、賣酒，兩百多家釀酒業者將被強制歇業。二、台灣將成為日本帝國內唯一實行「酒專賣」的地區，因此酒專賣可以說是名符其實的「台灣專賣」。因此，當然會引起多數台灣民眾不平，特別是兩百多家釀酒業，更是憤恨難平。

　　台灣總督府為了平息民怒，宣稱實行酒專賣制度，是為了改良酒品、增加產量，並改進環境衛生、加強人民的保健。政府說得堂而皇之，但背後真正的目的，其實是為了

月5日來台考察。

3. 蘇澳港於6月29日開港。

4. 樹林紅酒株式會社於7月正式解散。

讀報天氣：雷陣雨

被遺忘指數：●●●●●

▲ 樹林酒廠的商標。

民間釀酒工廠風光不再

▲ 所謂「專賣」，意謂特定商品從生產到銷售，均由政府獨佔。圖為台北地區的經銷商來到台灣總督府專賣局參觀。

▲ 樹林酒廠是台灣第一家應用amylo法製造米酒的工廠。

▲ 樹林酒廠的製造種類有米酒與紅酒兩種，以及製造紅酒的原料紅麴。圖為酒廠的紅酒儲藏室。

增加財政收入，便於統一管裡。

　　受到嚴重衝擊的兩百多家釀酒業者，於是決定組織「反對酒專賣同盟會」進行抗爭，並推派樹林紅酒株式會社的社長黃純青擔任領導人。黃純青在瞭解到日本國內並沒有實行酒專賣以後，便決定前往東京向國會提出陳情。可惜事機不密，消息竟傳至台灣

總督府。為了阻止黃純青前往日本，總督府派便衣日夜跟蹤，使黃純青動彈不得。

　　台灣總督田健治郎為了順利推行酒專賣，以「賣捌人」的身分（即經銷商，可以牟取厚利）作為交換條件，希望黃純青不要再抗爭。黃純青並不妥協，決定抗爭到底，然而令他失望的是，大部分釀酒業者居然接受了賣捌人的身分，黃純青孤掌難鳴，只好忍痛關閉酒廠。

　　可預見的是，酒專賣制度將為台灣總督府帶來不少財富，然而卻鮮少有人想到，在這個傲人的成績背後，台灣卻失去了具有地方特色的釀酒廠（如樹林紅酒株式會社、宜蘭製酒株式會社等）、優良的民間釀酒技術，以及各種獨特的酒風味。這未嘗不是一種文化損失！

▲樹林酒廠生產的紅酒曾是樹林名產之一。圖為酒廠的紅酒乾燥室。

▲台北新莊街上一家酒品零售商店，老闆將該年曾賣出的酒品種類陳列在店門口。

▲根據「台灣酒類專賣令」的規定，經由官方指定的商店或個人才能販售各式酒品。圖為專營酒類批發的店鋪。

黃純青年表
1875~1956

1875
●生於台北樹林。

1895
●曾參加乙未割台之抗日行動。

1898
●出任樹林庄長，前後長達約30年，對樹林貢獻良多，頗受鄉民敬重。

1908
●成立樹林紅酒株式會社，所釀的紅酒名聞全台。

1922
●台灣總督府實施酒類專賣制度，樹林紅酒株式會社被禁，黃純青拒當賣捌人（酒類仲介商），轉以收田租為生。

1926
●偕同林熊徵等人組織「黃土水後援會」。

1931
●日本稻米豐收，決定限制台米輸日，黃純青代表台灣農民赴日請願抗議，迫使日本當局收回成命。

1934
●在台中主持成立「台灣文藝聯盟」，以爭取言論自由，並以推翻腐敗文學為職志。

1941
●辭去公職，建晴園。

1945-1948
●出任台灣省農會理事、土地銀行及合作金庫監察人、台灣文化協進會監事、私立大同中學董事長、國語日報社董事長、台灣省通志館顧問主委等職。

1949
●台灣省文獻委員會成立，林獻堂為首任主任委員，黃純青為副主任委員。

1954
●擔任聯合國文教組織之中國委員會委員。

1956
●12月去世，享年82歲，與妻子合葬於晴園。

【延伸閱讀】
✧ 莊惠惇等，《台北人物誌》第3冊，2001，台北市政府。
✧ 范雅慧，〈日治時期臺灣酒專賣事業中販賣權的指定與遞嬗〉，《台灣風物》50卷1期，2000，台灣風物雜誌社。

柴米油鹽醬醋茶，
沒有你們哪有家？！

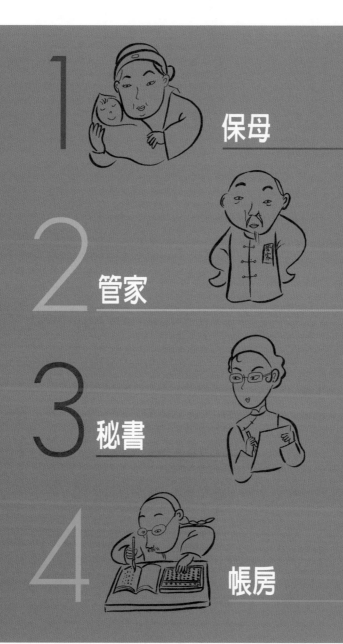

1 保母

2 管家

3 秘書

4 帳房

4 ^A帳房

所謂的家長，指的是協助林家管理田產、經營產業，以及規畫投資的人，也稱為帳房。
家長的角色相當於現在的專業經理人，必須通曉日語，具有靈活的頭腦和優秀的交際手腕。
板橋林家到了林熊徵這一代，產業已相當龐大，光靠家族子弟是無法勝任管理工作的，
因此先後任用了許丙、張園、汪明燦等多位優秀的家長，其中又以許丙最為突出。
當林熊徵在創辦華南銀行、林本源製糖會社，及與鹽水港製糖會社合併時，
許丙都扮演著稱職的專業經理人，讓林熊徵的事業蒸蒸日上。
林熊徵雖然不像前幾代的林維源那般具有開創性的經營手腕，
但他可以做到知人善任，並充分授權，其實滿符合現代企業的經營概念。

政商關係通達中日的 北台富商── 林熊徵

1888~1946

少年時期的林熊徵。

在日治時代能夠同時擁有中、日雙方良好政商關係的台灣商人並不多，板橋林家的林熊徵堪稱箇中翹楚。

林熊徵是板橋林家遷台後的第5代，7歲時父親過世，隔年台灣割讓給日本，他隨著家人遷回廈門老家。1908年，他與清代郵傳部大臣盛宣懷的女兒盛關頤結婚，並投資岳父所經營的湖北漢冶萍煤鐵公司，由此可知他在中國具有相當深厚的政商關係。

1908年是林熊徵生命中的一個關鍵點，那年他首度回到台灣處理財產事宜，立刻成為台灣總督府招攬的對象。由於叔公林維源、堂叔林爾嘉都堅持不接受日本的授爵，台灣總督府於是將身為林家大房的林熊徵視為主要的拉攏對象，而林熊徵也了解，在異族統治下要創辦或經營事業，乃至於保護家族產業，都必須與主政者建立良好關係，因此他竭力配合日方的要求，擔任各項職務，包括台灣日日新報監事、中日銀行董事、新高銀行監事、九州製鐵株式會社董事等。

林熊徵對台灣總督府的配合，可以用華南銀行的例子做說明。1910年代末期，日本為了拓展南洋及華南勢力，極需要一個跨台灣、中國與南洋間的金融機構，以作為日本帝國滲透南洋與華南地區的經濟據點。於是便利用林家深厚的財力及林熊徵良好的中國關係，在台灣銀行的指導下籌設華南銀行。林熊徵也不負所望，為了籌辦華南銀行，積極奔走於台灣、

林熊徵與家人合照，前排左2、右3分別是妹林慕安、林慕蘭，左3坐者為林母。後排左為弟林熊光、右為林熊徵。

菲律賓、爪哇、新加坡及華南各地募款，並邀聘華南地區及南洋僑界的知名人士出任董事，以為號召。後來華南銀行於1919年3月正式成立，分行遍及廣東、新加坡、馬來西亞。

此外，林熊徵還與辜顯榮一搭一唱，大力鼓吹公益會，以抵制台灣文化協會；他也贊成台灣總督府頒佈的新鴉片令。林熊徵與台灣總督府的親密關係，為他贏得了一座勳四等瑞寶章，及第2號的御用紳士的頭銜（第1號是辜顯榮）。

雖然與台灣總督府互動良好，不過林熊徵並非全無自己的堅持。他曾設置林熊徵獎學金，造就了一些有為的台灣青年，包括吳三連、杜聰明等都是林熊徵獎學金的被資助者。拿著林熊徵獎學金到日本留學的吳三連，後來參加台灣文化協會，經常發表文章批判台灣總督府及宣傳反日言論。此舉引起日方不悅，而希望林熊徵取消他的獎學金，林熊徵卻不為所動。1923年關東大地震，林熊徵拿出大筆金錢救援留學生400餘人。他還創辦了林本源博愛醫院。

1946年林熊徵去世後，家人根據他的遺志，創辦熊徵學田及薇閣育幼院。

發行人：王阿舍　發行所：遠流舊聞社

舊聞提要
1.台灣電力公司2月22日在八斗子興建火力發電廠。
2.新竹北埔人劉榮宗（筆名龍瑛宗）的作品＜植有木

商工會議所法頒佈

▲ 1917年11月1日的《台灣日日新報》刊登了一幅諷刺漫畫，漫畫中日本商人穿著厚重的冬裝仍然不停的咳嗽，反觀台灣商人打赤腳還是很健康。這諷刺了日商即使受到殖民政府的保護，仍無力與台商競爭。

瓜樹的小鎮＞入選日本《改造》雜誌佳作。

3.中日戰爭爆發，日本重派武官小林躋造擔任台灣
　總督。

4.台灣總督府頒佈「台灣商工會議所法」。

讀報天氣：雷陣雨

被遺忘指數：●●○

計畫性解散民間工商組織？

【本報訊】為了配合戰備時期的需要，台灣
總督府昨日頒佈「台灣商工會議所法」，將
商工會轉為輔助官方行政的工具，以便推動
戰時的統制經濟。各地民間所成立的商工會
因此將陸續解散，包括由辜顯榮、林熊徵、
陳天來等北台富商在1928年所組成的台北商
業會。

　　所謂「商工會」，是1895年台灣割讓給
日本之際，到台北經商的日本商人所引進的
新式商團，其性質與台灣傳統社會的「郊」
不盡相同。

　　「郊」盛行於清代社會，是市街進出口
商或大批發商所組成的一種類似同業工會的
組織。郊大約可分成兩種，一種是由同一貿
易地區的商人所組成的郊，例如泉郊、廈
郊；台灣幾個大城鎮包括鹿港、台南、艋
舺，都有組成郊行。另一種則是由同一行業
商人所組成，如糖郊、米郊、布郊、魚郊。

▲ 位於今鹿港中山路上的泉郊會館，在清朝時
　期是鹿港泉郊商人的聚會及辦公場所。

郊行的負責人稱為郊長，有的則稱簽首或爐主，多半一年一任，可連任。郊的功能，在於維持交易信用、提供度量標準、品質審核，及違規懲處。大部分的郊行都擁有船隻或其他交通工具，以便直接從事貿易活動。此外，郊行還具有其他的社會功能，如：贊助地方建設、維護治安、設立書院等。

而商工會則盛行於1895年之後。它的結合原則並不限於同業或同鄉的關係，而活動性質上也逐漸脫離人際關係與宗教力量的束縛，完全以商

▲ 泉郊會館廳內所供奉的媽祖及自清代流傳下來的匾額。

業活動為主，包括商業經營方法的革新、商業經營環境的改善、爭取地方經濟的基礎建設等等。商工會絕大部分是由地方商賈所發起、或在其中擔任重要幹部。以北台首要的富商家族板橋林家來說，家族中就有不少成員分別在各個商工會擔任要職，包括大房林熊徵、二房林柏壽、三房林鶴壽，以及林本源大房的管事許丙等人。

雖然組成的性質不同，但清代的郊和早期的商工會，都是由商人自動發起的獨立組織。如今，隨著戰爭情勢的吃緊，政府強力介入掌控工商界，無可避免地使這些商人組織最後仍淪為殖民者的統治工具。

▲ 與總督府關係良好的辜顯榮（前排左3）、林熊徵（前排左2）曾共組商工會。

▲ 財力雄厚的板橋林家，家族內不少人曾組織或參與北台灣的商工會。圖為板橋林家的宅第一景。

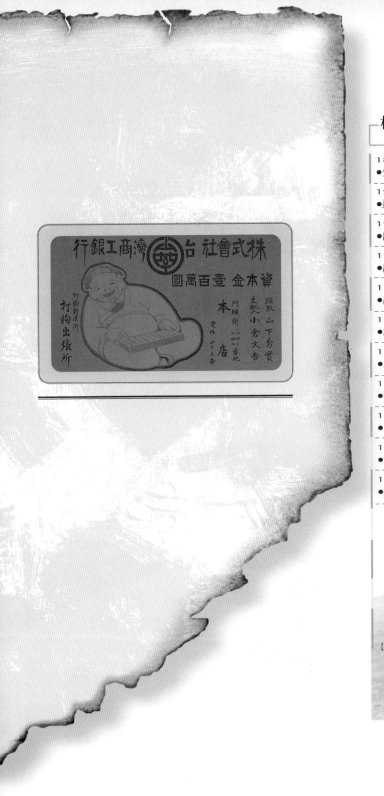

林熊徵年表
1888~1946

1888
●生於板橋林家。

1908
●遷回廈門後首度回台,處理財產事宜。

1909
●出任林本源製糖株式會社副社長。

1911
●出任《台灣日日新報》監事。

1918
●出任大稻埕區長。

1919
●創辦華南銀行。

1921
●出任台北州協議會會員。

1923
●獲贈四等瑞寶章。

1933
●出任華南銀行經理。

1937
●定居東京。

1946
●逝世。

【延伸閱讀】
⇨ 許雪姬,〈台灣總督府的協力者——林熊徵,日據時代板橋林家研究之二〉,《中研院近史所集刊》23期下,1994,中央研究院近史所。

么九二洞，
台灣金庫開始動！

1 它常常融資贊助
台灣的民族運動

2 它曾經發起「1人1元」
蓋運動場

3 它集合台灣人的資金，
讓台灣人使用

4 它派人到偏遠地區服務，
是台灣第1家會走動的銀行

3 A

它集合台灣人的資金，讓台灣人使用

陳炘是第一個到美國拿MBA（企管碩士）學位的台灣人，他於1927年創辦了台灣本土資產的金融機構——大東信託，目的是為了「糾集台灣人的資金，以供台灣人利用」，對抗日本對台灣經濟的壓制，為台灣人民謀求經濟利益，因此在當時被視為台灣人在經濟上的自衛行動，是台灣民族運動的一環，而有了「台灣運動的金庫」的別稱。

大東信託雖然具有濃厚的政治色彩，陳炘卻很堅守銀行的經營原則，不會任意融資造成呆帳。

有一次，好友張深切為了另一位朋友貸款滯償前來請求寬限。

陳炘說：「金融機關絕對不許談私情，一談私情就成不了金融事業⋯⋯

你不曾掌握過金融，所以不瞭解當中的微妙。」

陳炘對金融業的堅持，不但在20年代少之又少，在現代恐怕也很難見到。

台灣第一位銀行家——
陳炘
1893~1947

消逝於228事件中的金融界菁英——陳炘。

　　出國研讀企管或經濟，在現代來說是極為常見的，然而在企業管理概念還不普及的20世紀初，陳炘即已前往日本慶應大學研讀理財科（相當於現在的商業管理），之後又進入美國哥倫比亞大學商學院。在當時他的觀念很先進，也很另類。

　　陳炘並非出身於商業世家，他出生於台中大甲，自曾祖父從福建移居台灣後，陳家一直以務農為生。由於父親早逝，陳炘直到13歲才進入大甲公學校就讀。雖然啓蒙晚，他卻非常勤奮認真，短短3年後，便考上了台灣總督府國語學校師範部。

　　1913年，20歲的陳炘自學校畢業，開始從事教職。在那個時代，教職的薪水已經可以讓陳炘過著安穩的生活，但求知慾強的陳炘，卻在任期未滿前便考上了日本慶應大學理財科。為了不耽誤學習的時機，陳炘賠償師範學校的公費金額，辭去教職，前往日本深造。留日期間，陳炘積極參與留學生發起的民族運動。1922年，陳炘完成學業返台，並與台南著名詩人謝石秋的女兒謝綺蘭結婚。婚後，陳炘又前往美國愛荷華州的Grinnell學院攻讀經濟學和商業管裡，一學期後，轉入紐約哥倫比亞大學商學院，直到1925年獲得碩士學位，才返回台灣。

　　1920年代，是台灣民族運動、文化運動最蓬勃的年代，陳炘雖然也關心民族運動，卻將重心擺在本土金融事業的推展上。返台後的第二年，陳炘創立了第一個由台灣人集資而成的金融機構——大東信託株式會社。當時雖然已有數家信託，但陳炘以其金融長才，在短短幾年內便將大東信託經營得有聲有色，成為台灣三大信託之一。

　　陳炘的金融長才，自然成為日本人急於拉攏的對象，但他和民族運動的關係深厚，大東信託素來又有「台灣運動的金庫」之稱，因此台灣總督府一面採懷柔政

陳炘與妻子謝綺蘭合影。

陳炘與家人合影。前排左2為妻子謝綺蘭，中間抱小孩為陳炘長女陳雙美。後排中立者為陳炘，陳炘左邊是長男陳盤谷。

策，任命他為台中州協議會會員；一面又以落實信託業法為名，迫使大東信託與其他信託、銀行合併，於1944年改組為台灣信託株式會社。

　　二次戰後，台灣信託株式會社也隨著日本人的離去而走入歷史。隔年，陳炘受命籌備台灣信託公司，擔任主任委員。正當陳炘滿懷希望，準備在金融事業上大展長才，不料竟成了228事件的受難者。陳炘為何蒙難，一直是個謎，有人說是因為他在一篇演講中提到浙江財閥的蠻橫，並呼籲台灣本土企業必須振作，才能與之對抗的這番話，因而列入黑名單中。而台灣信託雖然有林獻堂等人的強烈反對，仍然被併入華南銀行，成為其信託部。

　　陳炘在228事件失蹤後，他的妻子謝綺蘭獨自撫養子女，並設法為其平反。50年後，台灣政府終於還給陳炘和其他受難者一個公道。然而，失去陳炘，卻是台灣金融史上一個難以彌補的遺憾。

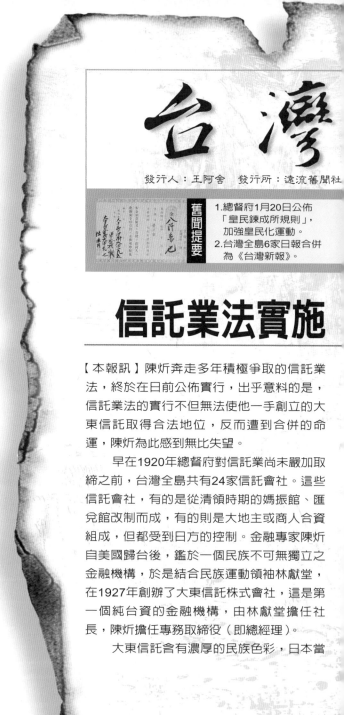

台灣

發行人：王阿舍　　發行所：遠流舊聞社

舊聞提要
1. 總督府1月20日公佈「皇民鍊成所規則」，加強皇民化運動。
2. 台灣全島6家日報合併為《台灣新報》。

信託業法實施

【本報訊】陳炘奔走多年積極爭取的信託業法，終於在日前公佈實行，出乎意料的是，信託業法的實行不但無法使他一手創立的大東信託取得合法地位，反而遭到合併的命運，陳炘為此感到無比失望。

　　早在1920年總督府對信託業尚未嚴加取締之前，台灣全島共有24家信託會社。這些信託會社，有的是從清領時期的媽振館、匯兌館改制而成，有的則是大地主或商人合資組成，但都受到日方的控制。金融專家陳炘自美國歸台後，鑑於一個民族不可無獨立之金融機構，於是結合民族運動領袖林獻堂，在1927年創辦了大東信託株式會社，這是第一個純台資的金融機構，由林獻堂擔任社長，陳炘擔任專務取締役（即總經理）。

　　大東信託含有濃厚的民族色彩，日本當

歷史報

3. 中國國民黨4月17日在重慶成立
   「台灣調查委員會」。
4. 大東信託、屏東信託與台灣興業信
   託合併，改制為台灣信託株式會社。

讀報天氣：陰有雨
被遺忘指數：●○

本土金融業者反遭日政府打壓

▲ 1937年大東信託社舉辦社員懇親會，並於會後合影留念。前排中右為陳炘，中左為台灣自治運動的
領袖林獻堂。

▲ 陳炘與林獻堂不僅是事業上的伙伴，也是台灣民族運動的同志。圖中前排右2為林獻堂，左2為陳炘。

局當然不會坐視不管，然而在陳炘的致力經營下，大東信託短短幾年內便從眾多信託會社中脫穎而出，與屏東信託、台灣興業信託，並列為台灣三大信託會社。

　　大東信託的成功固然值得歡喜，陳炘心中卻有隱憂。由於當時尚無信託業法，日本當局動不動就以取締非法金融組織作為壓制手段。因此陳炘體認到唯有實施信託業法，才能改善台灣的金融環境，也才能使大東信託取得法律保障，將金融機構的功能發揮到極致。於是他四處奔走，極力爭取實行信託業法。

　　1944年5月，台灣總督府終於宣告實施信託業法，但卻要大東信託與屏東信託、台灣興業信託合併，再接受台灣銀行的投資，改制為「台灣信託株式會社」。此項計畫聽起來冠冕堂皇，但就各信託的持股比例來看，日本當局藉信託業法的實行，併吞大東信託的作法卻是十分明顯。陳炘辛苦爭取的信託業法終於施行了，但結果卻如此意外，難怪他大失所望。

▲ 1927年台灣民報刊登大東信託開辦的消息。

金融機構	大東信託	屏東信託	台灣興業	台灣銀行	商工銀行	彰化銀行	華南銀行
持股比例	50,000股	21,000股	20,000股	80,000股	10,000股	10,000股	9,000股
百分比	25%	10.5%	10%	40%	5%	5%	4.5%

▲ 各信託銀行在台灣信託株式會社的持股百分比。

▲ 大東信託所開立的支票。

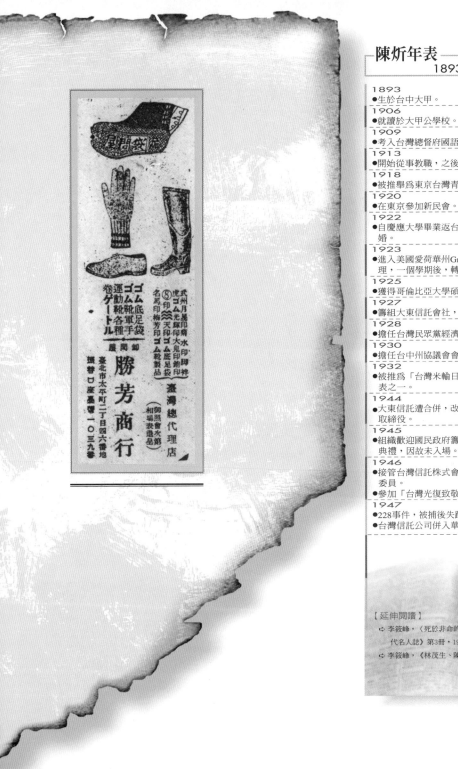

陳炘年表
1893~1947

1893
●生於台中大甲。

1906
●就讀於大甲公學校。

1909
●考入台灣總督府國語學校師範部。

1913
●開始從事教職，之後前往日本慶應大學理財科深造。

1918
●被推舉爲東京台灣青年會會長。

1920
●在東京參加新民會。

1922
●自慶應大學畢業返台，與在東京相親認識的謝綺蘭結婚。

1923
●進入美國愛荷華州Grinnell學院攻讀經濟學與商業管理，一個學期後，轉入紐約哥倫比亞大學商學院。

1925
●獲得哥倫比亞大學碩士學位，返台。

1927
●籌組大東信託會社，任專務取締役（總經理）。

1928
●擔任台灣民眾黨經濟委員會委員。

1930
●擔任台中州協議會會員。

1932
●被推爲「台灣米輸日限制反對同盟會」的12位陳情代表之一。

1944
●大東信託遭合併，改爲台灣信託株式會社，仍任專務取締役。

1945
●組織歡迎國民政府籌備會，應邀赴南京參加日本受降典禮，因故未入場。

1946
●接管台灣信託株式會社，任台灣信託公司籌備處主任委員。
●參加「台灣光復致敬團」，並赴中國大陸。

1947
●228事件，被捕後失蹤至今。
●台灣信託公司併入華南銀行。

【延伸閱讀】
↻ 李筱峰，〈死於非命的本土金融業先驅──陳炘〉，《台灣近代名人誌》第3冊，1987，自立晚報社。
↻ 李筱峰，《林茂生、陳炘和他們的時代》，1996，玉山社。

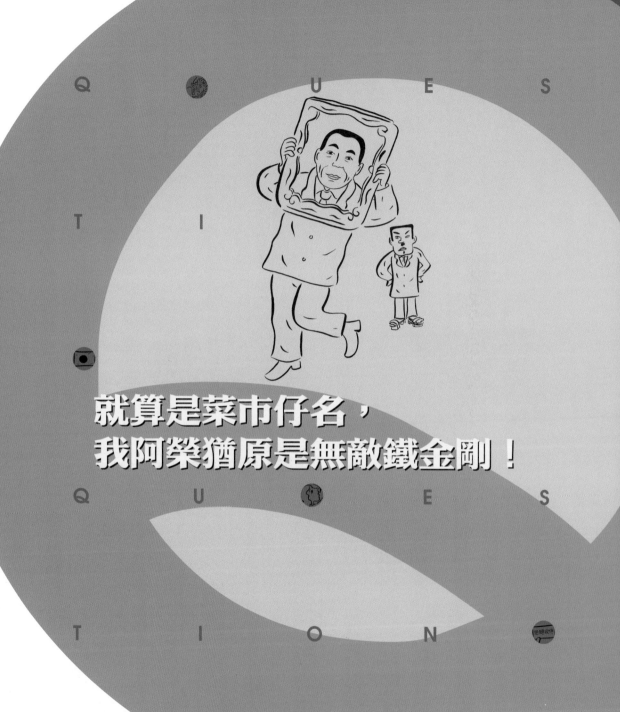

就算是菜市仔名，
我阿榮猶原是無敵鐵金剛！

Q 在日治時代，日本政府為什麼三番兩次要求唐榮鐵工廠改名？

1 唐是中國的代稱，
唐榮意味著中國繁榮

2 唐榮這個名字不夠日本化

3 用名字當行號，
有搞偶像崇拜的嫌疑

4 唐榮這個行號
已經有人先登記了

1 A

唐是中國的代稱，
唐榮意味著中國
繁榮

台　灣總督府看到唐榮鐵工廠日漸擴大，便開始找碴。

他們強指唐榮鐵工廠的廠名有礙皇民化的推行，因為「唐」是指唐朝，是中國的代稱，

「榮」則是繁榮興盛。「唐榮」兩個字意味著中國繁榮興盛，反叛思想過於濃厚，不適於當作行號。

這樣的解釋，根本是欲加之罪，換成別人或許早就妥協，但唐榮態度十分強硬，

他告訴日本人，唐榮這個名字是他父母所給的，不能隨便更替，再說日本法律裡

並沒有規定不能用個人的名字當作行號，所以堅持不改。

唐榮的堅持不僅令日本人無計可施，也讓「唐榮」這個行號長久保留下來，

成為日後台灣鋼鐵業的代稱。

鋼鐵企業家——
唐榮
1880~1963

白手起家的鋼鐵鉅子——唐榮。

　　說到台灣的鋼鐵業，便讓人聯想到唐榮，因為他所創辦的唐榮鋼鐵工廠，是日治後期全台最大的鋼鐵工廠，而且他個人的事業理念也有如鋼鐵般堅硬。

　　唐榮1880年出生於福建，自幼父母雙亡，由祖母撫養。因家境貧窮，唐榮不得不輟學，在金銀舖、染店等地方當學徒，賺取微薄的薪水來養活祖母和自己。不幸的，相依為命的祖母卻在他未成年前便撒手人寰。祖母過世後，唐榮在老家舉目無親，於是決定到台灣投靠親戚。那年台灣正好進入日治時期，而他才15歲。

　　唐榮滿懷期盼來到台灣，不料親戚對他相當冷漠，唐榮嘗盡了寄人籬下的苦楚，決定自力更生。他幫人做木工存了點錢以後，便批水果來賣。誰知他運氣不好

遇到連綿陰雨，導致水果滯銷腐爛，第一次做生意便弄得血本無歸。在一個偶然的機會下，他來到澎湖的岡田餅店，學做西式糕餅。由於他勤奮苦幹，頗受老闆賞識。後來岡田餅店的老闆因負債逃回日本，唐榮便頂下餅店，與妻子自行經營。

　　1904年，爆發日俄戰爭，位於中國大陸東南沿海與台灣海峽之間的澎湖，頓時成了日軍駐防的要塞，唐榮餅店生意也因為士兵增多而大發利市。但好景不常，戰爭結束後，餅店的生意也隨士兵的撤離而一落千丈。唐榮不願坐困愁城，便再度回到台灣。

　　回到台灣後，唐榮在高雄鹽務局找到了監視員的差事。工作之餘，他與人合夥承包壽山的開山工事。沒想到合夥人捲款潛逃，唐榮不僅賠光了所有積蓄，還遭到鹽務局以怠忽職守為由革職。窮途末路之際，唐榮依然沒有喪志，他在醫院當翻譯、在糖廠當建築工人，經過10餘年的奮鬥，終於在屏東開設一家米行。

　　本著誠信經

唐榮（右）開辦了唐榮鐵工廠，唐榮之子唐傳宗（左）不但是父親的最佳助手，更將唐榮鐵工廠的事業推向巔峰。

營和認眞負責的態度，唐榮的米行所碾出來的米竟無半粒沙，因此嘉譽廣傳，生意日漸興隆。

唐傳宗展示1957年耕耘機發展計畫中所使用的宣傳布巾。

8年後，他又開設了丸一運送店，從事台灣本島及台灣與日本之間的運輸工作。經過幾次運送貨物到日本的經驗，唐榮體認到鋼鐵工業對社會發展的重要性，於是開始計畫開設鋼鐵廠。1940年，台灣第一家民營鋼鐵廠——唐榮鐵工廠在高雄誕生。

唐榮在開設鐵工廠時已經邁入60高齡，正當別人準備退休時，他卻以旺盛的生命力經營鐵工廠。他不僅依照計畫，以10年時間完成建廠設備，到了1950年代，唐榮鐵工廠更邁入黃金期，創下最高外銷產量紀錄，名列當時台灣5大鋼鐵廠之首。1955年以後，他還將唐榮鐵工廠改組爲唐榮股份有限公司。

77歲那年，他將經營的重擔交給兒子唐傳宗，退隱高雄林園。1963年去世，享年84歲。

台灣

發行人：王阿舍　發行所：遠流舊聞社

舊聞提要
1. 全長348.1公里的東西橫貫公路通車。
2. 鄉土文學作家鍾理和於8月4日去世。

▲ 1940年興建中的唐榮鐵工廠。

3. 阿美族的運動健將楊傳廣在第17屆奧
   運勇奪10項運動銀牌。
4. 唐榮鐵工廠陷入營運危機,行政院決
   委託中華開發代為管理。

讀報天氣:多雲時晴
被遺忘指數:●●●○

▲ 唐榮鐵工廠所生產的大口徑水泥
管,足足有一個人高。

南唐榮北大同成絕響?
唐榮收歸省營,大同轉攻家電市場

【本報訊】鋼鐵年產量高居全台第一的唐榮
鐵工廠,竟於1960年底爆發2億元負債,震
驚各界。由於鋼鐵業是邁向基本工業及重工
業的基礎,政府深感扶助鋼鐵業的重要性,
於是決定動用國家總動員法凍結唐榮的債權
債務。如此一來,唐榮鐵工廠雖然因而得以
紓困,卻面臨收歸省營的命運。

　　唐榮鐵工廠創立於1940年代,由於戰爭
期間幸運地未曾遭到轟炸,戰後又自軍方獲
得廢鐵來從事鋼鐵鍛造,因此成長極為迅
速,短短十年內,已經成為每日可生產鋼鐵
200噸、執台灣鋼鐵界牛耳的鋼鐵廠。1956
年後,政府開放廢鐵進口,唐榮鐵工廠在原
料充足之下積極生產,不僅創下輝煌的外銷

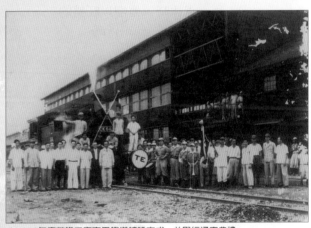

▲ 1956年唐榮鐵工廠專用鐵道鋪設完成,並舉行通車典禮。

▲ 前副總統陳誠曾訪問過唐榮鐵工廠。圖中中坐者為陳誠，陳誠的左邊為唐榮，右邊為唐榮之妻徐秀鸞；右3為唐傳宗，左4為唐傳宗之妻楊鴛鴦。

回收時，便導致工廠的債務越滾越大，終至不可收拾的局面。

至於大同公司，從早期的營建工程、鋼鐵生產，逐漸轉型到生產家電產品，1949年更首創自製品牌的大同電扇、大同電鍋。在大同娃娃的電視廣告攻擊下，全台灣刮起一股無法抗拒的大同家電熱賣風潮。就在唐榮轉為國營事業時，大同家電成功地進占成千上萬的台灣家庭，成為頗具名望的民營企業。不過，在榮耀的背後，大同公司也同樣面臨資金問題：自1957年起，大同經營者林挺生開始向員工借貸大筆金額，其中是否涉及違法情事，尚待進一步觀察。

記錄，更為國家賺進近30萬美元的外匯，足以媲美台北的大同公司，一時之間，「北大同南唐榮」的美名傳遍大街小巷。

誰知，這樣的榮景不過數年，唐榮鐵工廠竟然傳出財務危機。根據分析，關鍵應該是在於唐榮鐵工廠的擴充過快。一來，鋼鐵業是重型工業，投資報酬率低；二來，唐榮的營業對象是以軍方及公營事業為主，經常必須替這些業主代墊龐大的工料款，因此需要有長期而低率的資金運轉。在銀行借貸不便的情況下，唐榮改而以吸收民間資金來運轉，因而背負了龐大利息債務。第三個敗因，由於唐榮父子經常接收經營不善之工廠做為衛星廠房，一旦投資過多，又無法立即

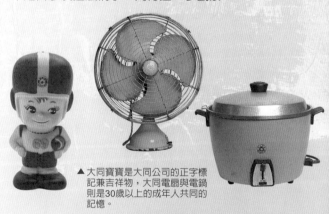
▲ 大同寶寶是大同公司的正字標記兼吉祥物，大同電扇與電鍋則是30歲以上的成年人共同的記憶。

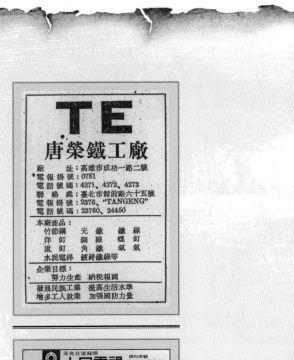

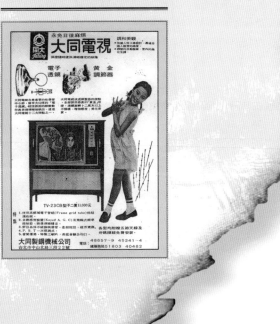

唐榮年表
1880～1963

1880
●生於福建。

1890
●入私塾，只讀了3年便因家貧而輟學。

1895
●相依為命的祖母過世，到台灣投靠五叔。

1903
●長子唐傳宗出生。

1922
●在屏東開設米廠。

1931
●經營丸一運送店。

1940
●設立唐榮鐵工廠。

1950
●捐款修建黑金國校，後更名為唐榮國校。

1955
●唐榮鐵工廠改組為唐榮股份有限公司。

1956
●退休，由其子唐傳宗接掌唐榮事業。

1962
●唐榮鋼鐵公司由台灣省政府接管。

1963
●肝硬化去世，享年84歲。

【延伸閱讀】
⇨ 許雪姬，〈白手起家的鋼鐵鉅子──唐榮〉，《台灣近代名人誌》第3冊，1987，自立晚報社。
⇨ 許雪姬訪問，《民營唐榮公司相關人物訪問記錄1940～1962》，1993，中央研究院近代史研究所。

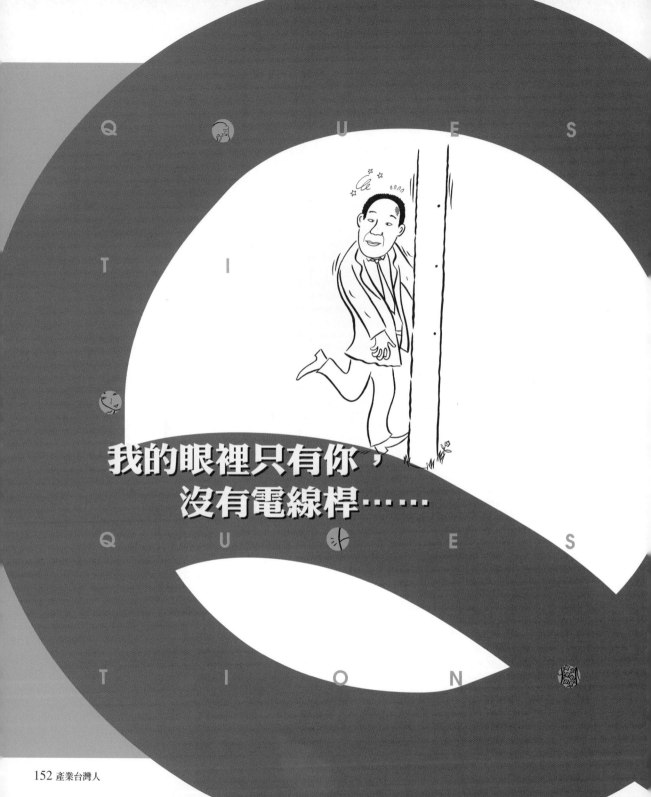

我的眼裡只有你，
沒有電線桿……

Q 台灣紡織界的元老侯雨利，曾為了看一位少婦而撞到電線桿，因為那個少婦 **?**

1 長得很美麗

 2 向他拋媚眼

3 是台灣第一位穿迷你裙的女人

 穿了一件花色繁複的衣服 4

4^A 穿了一件 花色繁複的衣服

在 日治時代，除了日本投資的台灣織布株式會社和彰化和美鎮的傳統手工織布外，

侯雨利可以說是唯一擁有織布機的台灣商人，也是第一個投入現代紡織業的台灣人。

侯雨利對紡織業的投入，可從一個小故事得到證明：

有一次侯雨利從台北坐車回台南，發現車上一位少婦穿了一件布料考究、花色繁複的衣服，

侯雨利便坐在旁邊盯著她的衣服看。當少婦下車時，他也不由自主的跟著下車，

一路尾隨，由於看得太入神了，竟撞到路旁的電線桿。

侯雨利雖然所受教育不多，但憑著一股事在人為的苦幹精神，因而克服了許多織布上的難題。

「他是台灣人中最懂得布業這一行的經營者」，

這句話出自同樣從事紡織業的吳火獅口中，可見侯雨利在紡織界的地位。

台南幫第一代開創者——
侯雨利

1900~1990

台南縣的北門鄉是一個土地含鹽量很重的貧瘠濱海村落，卻成為台南幫的搖籃，為近代台灣培孕出許多優秀的企業人才。台南幫第一代經營者之一侯雨利就是從這裡發跡的。

侯雨利出生於1900年，4歲時父親過世，他便與母親相依為命。為了幫母親維持家計，侯雨利只念了1、2年書，便輟學四處幫傭。14歲那年，他進入叔叔侯基經營的新復發布行當學徒。侯雨利雖然沒受過多少教育，腦筋卻非常靈活，又具有冒險性格。在新復發工作了4年後，他決心自行創業，但叔叔反對他離職，兩人最後不歡而散。

離開新復發後，侯雨利仍然以賣布為生，由於資金不足以開店，他便挑著布擔四處販賣。這樣的日子過了2年，與鄰村的吳鳥香女士結婚後，他開始改做冥紙加工生意。為了購買製作冥紙的材料，侯雨利必須騎腳踏車到90公里遠的嘉義竹崎，再由妻子和母親連夜加工，然後運到鄉鎮銷售。這樣辛苦了7年後，侯雨利累積了一些資本，於1926年與堂兄合夥開設「新復成」批發布行。1年後兄弟拆夥，侯雨利獨資開設新復興布行。

由於幼年失學，侯雨利的日文程度並不好，但他仍單槍匹馬到日本採購，僅憑著幾句「多少錢」、「算便宜一點」日語會話，照樣完成交易。在他精心經營下，新復興布行在短短5年間，已成為台南地區數一數二的布料批發店。台南幫的第一代元老吳修齊、吳尊賢兄弟和翁川配這時也都在新復興布行工作。

成功的滋味讓侯雨利意氣風發，打算以產銷合一的方式創造更大的利潤，於是在1931年頂下一家織布廠，仍然以「新復興」命名。然而在缺乏生產技術、人才，又遭遇日本布大量進口的競爭下，侯雨利

台南幫的第一代領導人物，由左往右依序是台南紡織常董侯雨利、董事長吳三連、總經理吳修齊。

為籌組環球水泥公司所召開的會議。中立者為吳三連，侯雨利坐在吳的左側。

雖然具有卓越的商業眼光，卻因整體經濟環境未臻成熟，新復興織布廠經營得非常辛苦，在二次大戰期間，幾乎呈現歇業狀態。戰後，在政府大力扶植紡織業的政策下，新復興織布廠不僅重新開業，所生產的布料也叫座又叫好，

侯雨利在既有的基礎上，又投資台南紡織、新興紡織、環球水泥、統一企業等台南幫的產業，成為台南幫內的大財主。

1966年，為了全力栽培二子侯永松，侯雨利投入鉅額資本在侯永松所經營的海利企業（經營鮪釣漁業）及巨龍船務（從事海上運輸事業），最興盛時曾擁有20餘艘遠洋漁船，名列台灣第一。然而不過20年光景，海利企業卻因經營不善而面臨破產的命運，當時已86高齡的侯雨利，只能坐困家中，望壁興嘆。

台灣

發行人：王阿舍　發行所：遠流舊聞社

舊聞提要

1.台北市第10信用合作社爆發違規弊案，經濟部長徐立德因此下台。
2.大同公司榮獲外銷廠商

台南幫情誼深厚

【本報訊】1985年6月，台南幫的海利企業傳出跳票事件，迅速波及負有連帶保證責任的中興海洋公司。這個由侯雨利的二兒子侯永松經營的海洋事業，曾經號稱全台第一，如今竟背負近20億的債額，不僅令社會大眾震驚，也考驗著台南幫的情誼。

台南幫是指台南北門地區的宗族、鄉親合夥投資的企業概稱，最早的起始點是侯家的布行，然後經由侯雨利、吳修齊兄弟及吳三連打下基礎，名下的知名企業包括早期的台南紡織、環球水泥，現在的統一企業、萬通銀行等等。台南幫的經營特色是採取合夥投資，相互保證卻不介入的模式。透過資金、人才的募集來發展更大的企業；每當遇有困難時，會彼此支援，卻又不像傳統家族企業受到拖累。然而海利企業卻是個特例，

榜首。

3.國內第一位試管嬰兒在榮總誕生。

4.海利企業傳出跳票事件。

讀報天氣：午後雷陣雨

被遺忘指數：●●●●○

▲ 興建於1980年的「三連大樓」，位於今台北市的精華區內，是台南幫各企業在台北的第一座聯合辦公大樓。

海利事件吳修齊等人搶救老東家

▲ 台南幫的創始者皆出身於貧困的北門地區，但由於他們的勤奮努力，以及在同鄉觀念之下的互助情懷，使得台南幫日益發展、茁壯。

▲台南紡織公司的主要幹部，前排左1為總經理吳修齊、左5為董事長吳三連，後排左1為業務經理高清愿、左3為常務董事吳尊賢、左4為侯雨利之子侯永都。

▲一行人上山勘察環球水泥廠興建用地。右5為侯雨利，侯雨利左側為吳修齊，右側為吳尊賢。

它是屬於侯家獨資，與台南幫各主要企業並無任何相互保證關係。就企業經營而論，台南幫並不需要對海利企業提供任何資源。但論及吳修齊兄弟、翁川配與侯雨利的多年情分，他們是不會坐視不理的。

早年，吳修齊曾在侯雨利的新復興布行工作，受到相當的器重與照顧；創業時，又蒙侯雨利大力相助；而在新復興織布廠工作長達30年之久的翁川配，對於老東家也心存感激，因此他們都決定幫助海利企業抒困。

基於這些因素，台南幫幾個主要幹部在跳票事件公開前，就已經開會商量補救之道，決定集資5億投資海利企業與中興海洋公司，同時進行公司改組。然而這個計畫最後卻因侯永松不甘將事業轉手他人，而無法施展。海利企業與中興海洋公司既然無法改組，只好結束營業。

海利企業的失敗，也突顯出企業聘用專業經理人的重要性。侯雨利向來很能用人識人，對第二代的栽培也要求從基層幹起，像是大兒子侯永都、女婿顏岫峰都是從學徒做起，他們能出任要職決不是靠著特殊的身分。唯獨小兒子侯永松，因為侯雨利過於鍾愛，在未經過專業訓練前，就將鉅額產業交付給他，難怪他會走上倒閉之路，也難怪大兒子侯永都感到不平。

▲成立於1967年的統一企業，是目前台南幫標竿企業。統一超商（7-ELEVEN）更已成為現代人日常生活的一部份。

【延伸閱讀】
⇨ 謝國興，《台南幫——一個台灣本土企業集團的興起》，
1999，遠流。

別人有幸福的青鳥，
我有幸福的豬公。

1 100元

2 20元

3 10元

4 1元

4^A1元

1961年，政府推行1人1天1元的「三一儲蓄運動」，
目的在藉由透過金融機構各種儲蓄存款來吸納民間資金。
在此情形下，各家金融機構紛紛推出各類儲蓄存款。
蔡萬春接任十信合作社理事主席之後，趁機推出了「幸福存款」。
這項專案是以兒童、低收入戶為主要對象，每日存入1元，1年到期提領本息400元。
當時的總統蔣中正為了鼓勵民眾積極存款，親至十信開戶，成了最佳廣告明星。
一夕之間，十信擠滿了存款人潮，家庭主婦、學生爭相前來開戶，
連遠在金門的士兵都把錢寄來存，十信業務急速起飛，
存款數額在短短數月內突破1億元，從全台信用合作社排名第61位迅速上升至第1名。

一代富豪傳奇——
蔡萬春
1916~1991

就像許多第一代企業家一樣，只有小學畢業的蔡萬春在沒有背景的支撐下，憑著勤奮與靈活的腦袋和一些運氣，白手起家，打造出輝煌一時的企業王國。

國泰集團創辦人蔡萬春。

蔡萬春是竹南人，生於1916年。他曾在竹南公學校唸過6年書，最拿手的科目是書法和演講。由於家貧，無法繼續升學，蔡萬春舉家搬到台北，在新店租地務農。15歲時，蔡萬春不甘將青春耗在農田裡，憑著機敏的口才，考入資生堂化妝品公司，成為台中分公司的推銷員，數年後升上了分公司經理。1937年，中日戰爭爆發後，他回到台北，從事醬油買賣行業。

蔡萬春從事醬油釀造買賣，可以說是個機緣。據說，有一天他在報紙上看到一則消息說，可以用魚類、蔬菜、水果釀製合成醬油，這讓蔡萬春想起小時候用魚湯拌飯吃的美味，於是他經過一番調配，竟然創出自家品牌——丸莊醬油。但另外也有資料指出，蔡萬春後來違法使用化學原料來釀造醬油，以謀取暴利，甚至還因而短暫入獄。無論如何，在物資缺乏的戰爭時期，丸莊醬油奇貨可居，靈活的蔡萬春還將營業據點打入軍中，因而迅速累積財富。短短一年時間，蔡萬春竟然就能在西門町買下4幢房子，並設立大萬商行，從事雜貨買賣。那一年他才23歲。

二次大戰後，蔡萬春的各項新事業如雨後春筍般設立，包括有：大萬旅社、百樂門旅社、大萬興業木材行、丸萬鐵工廠、大萬窯場、大萬實業公司等等。1957年，在眾多政商人士的競爭中，蔡萬春當選為台北第十信用合作社的理事會主席，在金融事業上邁出第一步。1960年，政府開放民間經營產物保險，蔡萬春憑著雄厚的資金，利用當時政界紅人林頂立、張祥傳等人的政商關係，搭上了民營保險業的頭班車，設立了國泰產物保險公司。兩年後，國泰人壽保險公司申請獲准，第一張保單就是由當時的財政部長嚴家淦投保的，由此可見蔡萬春的政商關係。

進入60年代以後，台灣經濟蓬勃發

展，房地產跟著起飛，而蔡萬春成立於1964年的國泰建設也大發利市。蔡萬春將建築業與保險業結合，以有形的房地產作爲無形保險業的最佳擔保。

「事在人爲」是蔡萬春創業過程中的座右銘。

國泰人壽的自用營業大樓遍及全台，不僅奠定了保戶的信心，更雙雙締造出房地產與保險業的營業佳績。1971年，政府開放民營信託業，蔡萬春又成立了國泰信託投資公司。隨後，配合政府的6年經濟建設，1973年蔡萬春的產業中又多了一個國泰石油化學公司。

蔡萬春經商特色在於產業多元，而且獲利豐碩。70年代末期，國泰信託與國泰人壽的營業額均居同業之首，國泰產物保險則僅次於公營的台灣產物保險和中國產物保險。

1979年，63歲的蔡萬春在無預警的情形下中風住院，迫使他不得不將產業分給兄弟及子女。回顧蔡萬春的致富傳奇，不知羨煞多少人，然而繁華落盡時，陪伴他的卻只是針筒、藥包，和無限的孤寂。

台灣

發行人：王阿舍　發行所：遠流舊聞社

舊聞提要

1. 台北市自1984年6月9日起開始試用公共電話卡。
2. 1984年6月18日唐榮鐵

▲ 台北第十信用合作社舊址，今已改成合作金庫，位在台北市陽路上。

▲ 十信弊案爆發之後，大批投資人不甘受害，聚集到國泰集團公處要求賠償。

歷史報

工廠開發電聯車成功。
3.1984年12月19日，台南市第四信用合作社通令已婚女職員自動辭職。
4.今年2月台北第十信用合作社爆發違規弊案。

讀報天氣：雷陣雨
被遺忘指數：●

臺北鐵路餐廳
臺北車站內店

中西點心　歐美大菜
輕濟小吃　竭誠服務

名符其實的大眾化食堂

十信弊案引發金融風暴
蔡家商業王國朝不保夕

【本報訊】1985年2月，台北第十信用合作社違法經營案熱烈上演，主角是台灣億萬富豪蔡萬春的次子蔡辰洲。

在80年代台灣民營銀行未開放前，能夠出任銀行或合作社理事長，就好像擁有一座金庫，不知羨煞多少人，當年蔡萬春也是費盡一番心力才爭取擔任了十信合作社的理事長，何以蔡辰洲會弄得傾家盪產，還銀鐺入獄呢？

話說1979年，蔡萬春中風住院後，將家產「六分天下」，二弟蔡萬霖分得國泰人壽、國泰建設等企業，日後改稱為霖園集團；三弟蔡萬才分得國泰產物、富邦建設等企業，稱為富邦集團。長子蔡辰男分得國泰信託，次子蔡辰洲分得十信合作社、國泰塑膠等企

▲ 十信弊案的發生，使得全台灣籠罩在經濟風暴的危機下。

業，其他三子分得來來百貨等企業，小弟蔡萬德也分得一些不太重要的產業。

蔡辰洲接管的這一系列企業，體質還不錯，不過當他接二連三併購了一些繳不出十信貸款而轉手的企業以後，為了維持正常營運，蔡辰洲以立法委員的身分加上國泰塑膠

公司的名義，在民間調度資金，利息為銀行定存的4倍。這個方式固然讓蔡辰洲在短時間內募集不少資金，卻也背負了龐大的利息。在無力償還下，蔡辰洲竟違法挪用十信資金。消息爆發後，十信出現瘋狂擠兌，一日之內被提領了36億，蔡辰男的國泰信託也遭池魚之殃，短短數日被提領了150億。

債權人擁進蔡家其他企業，蔡辰洲趕緊請蔡萬霖和蔡萬才出面協助，卻遭到二人拒絕。為了避免被牽連，蔡萬霖還發表了一篇＜情理法＞的文章，表明霖園集團與十信、國泰信託無關。蔡萬霖這種「親兄弟、明算帳」的作法，不免遭到輿論「為富不仁」的批評。

十信弊案所引發的這場風暴，不僅襲擊了蔡家信譽，也暴露出台灣金融業的經營弊端，有關當局若不及早防範，那麼類似十信的金融弊案，恐怕會一再發生。

▲ 十信負責人蔡辰洲曾經在1983（民國72）年參選立委，並且當選。

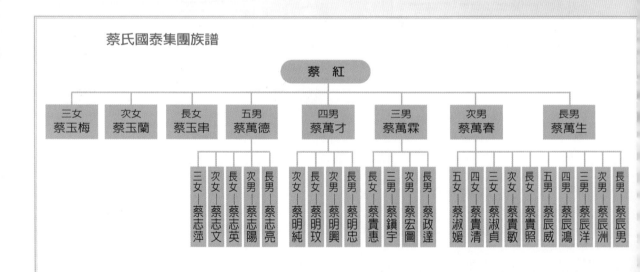

蔡氏國泰集團族譜

蔡 紅

- 三女 蔡玉梅
- 次女 蔡玉蘭
- 長女 蔡玉串
- 五男 蔡萬德
  - 三女—蔡志萍
  - 次女—蔡志文
  - 長女—蔡志英
  - 次男—蔡志陽
  - 長男—蔡志亮
- 四男 蔡萬才
  - 次女—蔡明純
  - 長女—蔡明玫
  - 次男—蔡明興
  - 長男—蔡明忠
- 三男 蔡萬霖
  - 長女—蔡貴惠
  - 三男—蔡鎮宇
  - 次男—蔡宏圖
  - 長男—蔡政達
- 次男 蔡萬春
  - 五女—蔡淑媛
  - 四女—蔡貴清
  - 三女—蔡淑貞
  - 次女—蔡貴敏
  - 長女—蔡貴照
- 長男 蔡萬生
  - 五男—蔡辰威
  - 四男—蔡辰鴻
  - 三男—蔡辰洋
  - 次男—蔡辰洲
  - 長男—蔡辰男

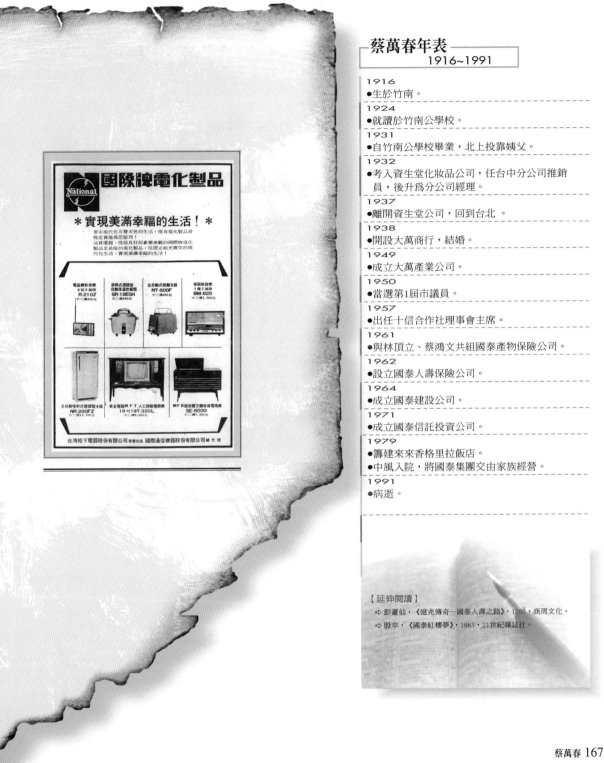

1916
●生於竹南。

1924
●就讀於竹南公學校。

1931
●自竹南公學校畢業，北上投靠姨父。

1932
●考入資生堂化妝品公司，任台中分公司推銷員，後升爲分公司經理。

1937
●離開資生堂公司，回到台北 。

1938
●開設大萬商行，結婚。

1949
●成立大萬產業公司。

1950
●當選第1屆市議員。

1957
●出任十信合作社理事會主席。

1961
●與林頂立、蔡鴻文共組國泰產物保險公司。

1962
●設立國泰人壽保險公司。

1964
●成立國泰建設公司。

1971
●成立國泰信託投資公司。

1979
●籌建來來香格里拉飯店。
●中風入院，將國泰集團交由家族經營。

1991
●病逝。

【延伸閱讀】
⇨ 彭蕙仙，《億兆傳奇─國泰人壽之路》，1993，商周文化。
⇨ 股卒，《國泰紅樓夢》，1985，21世紀雜誌社。

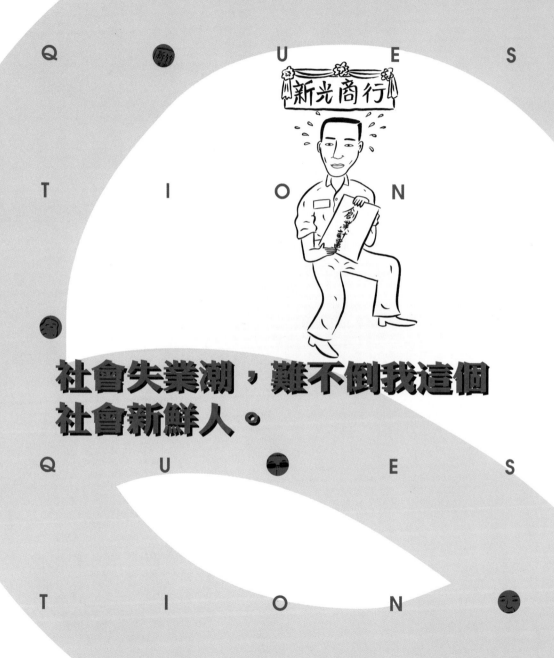

社會失業潮，難不倒我這個
社會新鮮人。

Q 新光企業創辦人吳火獅是從「新光商行」發跡的，這個名字的由來是 **?**

1 我來自新竹，
我要作新竹之光

2 那時台灣剛「光」復，
大家展開「新」生活

 3 算命先生說筆畫19，
賺錢長久

4 紀念新竹和恩人小川光定

4 ^A 紀念新竹和
恩人小川光定

吳 火獅常說自己是念舊的人。新光商行的「新」，取自於「新」竹，表示他對家鄉的懷念。
至於光，則是代表懷念提拔他的日本老闆小川「光」定。

吳火獅小學畢業後，便到台北迪化街的「平野商店」當學徒，他的苦幹與勤奮頗受老闆小川光定
的賞識。19歲那年，吳火獅擬了一份創業計畫書，無意中讓一位日本客戶發現了，他看完之後
頻頻讚賞，還拿給小川光定看。小川發現吳火獅確實具有商業才能，便由吳火獅擔任
新開設的「小川商行」的家長（即現在的店長），並言明如果賺錢，讓他抽成10%。
這對吳火獅來說是一個相當大的鼓勵，因此他賣力經營。4年後小川商行的營業額突破百萬，
不僅奠定了吳火獅在商界的聲望，也累積了日後的創業資本。吳火獅對小川光定懷著感恩之心，
因此在自立創業時，才會以他的名字中的「光」，作為商行的名字。

多元化發展的企業家——
吳火獅
1919~1986

「維持現狀，即是落伍」，是新光企業創辦人吳火獅所訂定的創業理念。

迪化街曾經是培育台灣企業家的搖籃，舉凡義美創辦人高騰蛟、養樂多創辦人陳重光等，都是從迪化街發跡的，而新光企業的創辦人吳火獅，也是在迪化街打下事業基礎的。

吳火獅是新竹東勢人，小學畢業後因為家貧無法繼續升學，便進入位於迪化街的平野商店當學徒。平野商店是布匹的進口批發商，年少的吳火獅經常為了扛貨箱、剪布頭而磨得手指起泡生繭，但他並不以為苦，還利用晚上時間到夜校進修，學習記帳等商業科目。19歲那年，對未來滿懷夢想的吳火獅寫了一份經商計畫書，後來老闆小川光定看了計畫書，覺得吳火獅很有商業潛能，於是拿出3萬元資金，開設小川商店，讓吳火獅負責經營，還言明如果賺錢讓他抽一成。當時才20歲的吳火獅深受感動，卯足勁工作，甚至還曾為了開闢貨源而獨自跑到日本。

在小川商行工作期間，吳火獅被訓練成一個精明幹練的商人，也累積了相當的財富。二次大戰後，他在現今的南京西路買下一塊地，開設新光商行，從事布匹、雜貨的進出口生意，同時也從日本人手中購買製糖廠、煉鐵廠。

1949年，政府以「代紡代織」的策略，大力扶植本土紡織業、管制日本布進口，吳火獅也順應潮流將經營重點放在紡織業。當時的紡織廠大多是由中國大陸遷移來的，吳火獅覺得難以和他們競爭，便將重點放在人造絲和印花布的生產上。1952年他陸續成立了絲織廠、染織廠，並親自去日本採購機器，同時派人員到日本研習、引進日本技術。在他嚴格的要求下，新光所生產出來的布匹品質精美，一度曾被懷疑是走私貨。1953

吳火獅（中間著褐色西裝）應美國國務院之邀，赴美考察紡織工業。

吳火獅與夫人梁桂蘭。

年，以生產人造棉及化學纖維爲主的新光士林廠成立，中國人造纖維公司也於隔年成立。就這樣，吳火獅不僅建構出自己的紡織王國，還將台灣的紡織業帶入了新紀元。

秉持著「維持現狀即是落伍」的理念，吳火獅不斷在他的企業列車上加掛車廂，舉凡食品、成衣、機車、遠洋漁業、保險、瓦斯都在經營之列。有的成功，有的失敗。其中，最引人矚目的是保險業與瓦斯業。新光產物保險和人壽保險創立時間都比國泰人壽及產物保險晚，但吳火獅急起直追，漸漸地在保險業闖下一片天地。大台北瓦斯公司則在長期虧損、市民擔憂安全的疑慮中慘澹經營。爲了拓展公共事業，吳火獅以破釜沈舟之心，不在乎「獅」毛被燒光，繼續在瓦斯的「火坑」裡奮鬥。終於20年後，瓦斯用戶由1967年啓用時的1,600戶，1987年增加到20萬戶。

就像台灣早期的許多企業家一樣，吳火獅只有小學文憑，但秉著勤奮與商人獨具的特質，大膽而果決地把握住每個機會，因而能順應時勢，創造出多元化經營的企業集團。

台灣

發行人：王阿舍　發行所：遠流舊聞社

舊聞提要

1.警備總部1月31日明令通緝前台灣大學政治系主任彭明敏。

2.台灣第一座夜間郵局—

▲ 新光人壽公司早期的辦公場所。

▲ 日治時期台灣總督府所編印的保險制度簡介。

歷史報

- 一台北夜間郵局開始營業。
3. 黃俊雄製作的布袋戲節目「雲州大儒俠」，3
　月1日起在台視播出。
4. 4月21日，政府勒令國光人壽保險公司停業。

讀報天氣：陰雨
被遺忘指數：○

▲ 日治昭和年間的保險外務員證。

國光人壽倒閉
新光人壽毅然承接半數保戶

【本報訊】1970年4月21日爆發國光人壽的倒
閉事件，社會輿論攻擊聲不斷，社會大眾也
因此對保險業產生疑懼，使得才剛起步的民
營保險業因而遭受嚴重打擊。為了避免保險
業從此一蹶不振，並恢復保戶信心，新光人
壽毅然承接國光人壽半數保戶，為其收拾殘
局。

　　台灣的保險業，遲至1960年才開放民
營，但實際上台灣保險業的歷史卻滿悠久
的。早在1863年英商利物浦（Liverpool）保
險公司就已率先在台灣設立辦事處，但由於
經營者是外國人，民眾對保險業這種無形的
商品不甚了解，因此成績不甚理想。進入日
治時代後，英國的保險公司完全撤離，取而
代之的是日本幾家知名的生命保險會社，包
括明治、第一、千代田等等。郵局辦理人壽

▲ 保險制度雖然在日治時期即已出現，但是直至戰後一般民眾對壽險普遍
缺乏信心。為了提高民眾的接受度，每逢有客戶需要理賠，保險公司的
高階幹部都會親自帶著理賠金前往慰問。

▲ 如果遇到死亡理賠，保險公司會贈送輓聯，並親自前往致意，希望藉此加深民眾對理賠的印象。

險則始自於第二次大戰期間，日本大藏省委託軍郵局代辦的簡易人壽險。

　　日本的保險會社雖極力在台推廣，但是由於戰爭期間物資緊縮，推展的成效有限。戰爭結束後，國民政府接收了日本在台的14家保險會社，並凍結民營保險業，改由中央信託局設立保險科，統一管理保險業務，直到1960年第三期經濟建設計畫實施後，才開放民營保險事業。此後，國光、國泰、第一、新光、國華、南山、華僑等數家保險公司爭相開業，台灣的保險業呈現一片欣欣向榮的景象。

　　其中，國泰人壽與國泰建設齊頭並進，營業點遍及台灣各大鄉鎮，在眾家保險業中獨領風騷；而新光人壽主打鄉野戰，保險從業人員深入村里，並煞費心思地在野台戲中穿插廣告，如：當兩軍對峙時，一方必定在精采處喊停：「待我去新光公司投保後，再來便是」，或在電影院中打出字幕：「新光人壽某某經理外找」。另外，新光人壽針對養老問題，提出「終身保險」型及「五年還本」型的儲蓄保險，逐漸提高市場上占有率，與國泰人壽並列為兩大民營壽險公司。

▲「為全家遮風避雨」是保險業所塑造的企業形象。

　　這次爆發問題的國光人壽雖然也是第一代的民營保險業者之一，但因為缺乏專業經理人才、財務不健全，而走上倒閉之路。幸好，新光人壽的吳火獅決定承括了國光人壽的半數保戶，不僅保障了保戶的權益，也提升了新光人壽的社會形象，對台灣保險業的發展也有正面的影響。

▲ 新光人壽的壽險宣傳單。

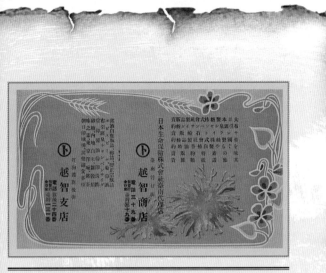

吳火獅年表
1919~1986

1919
●生於新竹東勢。

1929
●進入新竹第一公學校。

1935
●到台北平野商店當學徒。

1939
●擔任小川商店的家長（店長）。

1945
●成立新光商行、新和輪船公司。

1947
●購買日產台灣經建製糖，開始經營糖業。

1952
●新光絲織廠開工。
●設立台灣新光實業股份有限公司。

1954
●成立新光紡織股份有限公司。
●成立中國人造纖維公司。

1963
●成立遠東物產保險公司，後更名為新光產物保
　險公司。
●成立新光人壽保險公司。

1964
●大台北瓦斯公司成立，擔任常務董事。

1980
●新光總公司大樓（新光摩天大樓）落成。

1986
●因心臟病猝逝。

【延伸閱讀】
➪ 黃進興，《半世紀的奮鬥——吳火獅先生口述傳記》，1991，
　允晨。

【索引】(數字為頁碼)

【鳴謝】

本書的完成，特別感謝：（以姓名筆畫序）

中央研究院近代史研究所　林健煉　　　陳炎正　　　達文西瓜（黃建
北投文物館　　　　　　　林會承　　　陳慶芳　　　義）
台大圖書館　　　　　　　林熊徵學田基金會　陳盤谷　蔡錫淵
李春生紀念基督長老教會　唐嘉宏　　　黃卓權　　　鄭春鐘
宜蘭縣史館　　　　　　　孫金城　　　黃智偉　　　鄭溪和
林本源祭祀公業　　　　　國立中央圖書館台灣分館　新光人壽　謝國興
林垂凱　　　　　　　　　莊永明　　　楊永智

【地圖、照片出處】

數目為頁碼

目錄（4-5）：
地圖：台大圖書館提供。

謝序（9-11）：
9、10/國立中央圖書館台灣分館提供。
11/陳輝明攝影。

導讀（12-15）：
14、15/陳輝明攝影。

施世榜（16-23）：
20（上）、20（下）、21（下）、22（左上）、22
　（左下）/鄭春鐘攝影。
21（上）、21（右）/鄭溪和攝影。
22（右下）/徐志初攝影。

張達京（24-31）：
27、29（右）、30（右上）/陳炎正提供。
30（右下）/蔡錫淵攝影。
29（左）、30（左下）/遠流資料室。

吳沙（32-39）：
35、36、38（上）/宜蘭縣史館提供。
37/遠流資料室。
38（右下）、39/郭娟秋攝影、遠流台灣館提供。
38（左下）/陳彥仲攝影。

林平侯（40-47）：
43、44（左上）/林本源祭祀公業提供。
45、46/達文西瓜（黃建義）提供。

姜秀鑾（48-55）：
51（上）/北投文物館提供。
51（下）、52（左上）、52（右下）、53、54/陳彥
　仲攝影。
52（右上）/林會承攝影。

林朝棟（56-63）：
59（左下）/林垂凱提供。
59（右上）、60/林會承攝影。
60（右）/國立中央圖書館台灣分館提供。
61/林本源祭祀公業提供。
62（上）/郭娟秋攝影、遠流台灣館提供。

62（中）、62（下）/遠流資料室。

黃南球（64-71）：
67、68/黃卓權提供。
69、70（上）/台大圖書館提供。
70（左下）/陳彥仲攝影。
70（右下）/遠流資料室。

李春生（72-79）：
74/國立中央圖書館台灣分館提供。
75（上）、75（下）/李春生紀念基督長老教會提
　　供。
76（左上）、76（右）、77（上）、78（右）、79
　　（上）/陳輝明攝影。
77（下）、78（左）/陳彥仲攝影。

辜顯榮（80-87）：
83（左）、83（右）、84（左上）、84（右）、85、86
（右上）、86（右下）/莊永明提供。
86（左）/國立中央圖書館台灣分館提供。

王雪農（88-95）：
91/國立中央圖書館台灣分館提供。
92、93、94/遠流資料室。

陳中和（96-103）：
99、100（左上）、102/遠流資料室。
100（右上）、100（右下）、101/國立中央圖書館
　　台灣分館提供。

吳文秀（104-111）：
108（左上）/莊永明提供。
108（右）、110/陳輝明攝影。
109（右上）/陳慶芳提供。
109（左下）/遠流資料室。

顏雲年、顏國年（112-119）：
115、116（左上）、116（右上）、118/國立中央圖
　　書館台灣分館提供。

116（右下）、117/黃智偉攝影。

黃純青（120-127）：
122、123、125、126/國立中央圖書館台灣分館提
　　供。

林熊徵（128-135）：
131（上）、131（下）/林熊徵學田基金會提供。
132/國立中央圖書館台灣分館提供。
133/王智平攝影、遠流台灣館提供。
134（左上）/郭娟秋攝影、遠流台灣館提供。
134（右上）/莊永明提供。
134（右下）/陳輝明攝影。

陳炘（136-143）：
139、140（上）、141/陳盤谷提供。
142（上）/莊永明提供。
143/楊永智提供。

唐榮（144-151）：
147、148、149、150（上）/唐嘉宏提供。
150（下）/陳輝明攝影。

侯雨利（152-159）：
155、156、157（上）、157（下）、158（左上）、
158（右上）/謝國興提供。
158（中）、158（右下）/陳輝明攝影。

蔡萬春（160-167）：
163、164（左上）、164（右下）、165、166/林健煉
　　提供。
164（右上）/陳輝明攝影。

吳火獅（168-175）：
171、172（左上）、172（右上）、173（右下）、174
（左上）、174（右上）、174（右下）/新光人
　　壽提供。
172（右下）、173（右上）/陳慶芳提供。

國內最完整的一套
台灣歷史與人物圖誌
e世代多元解讀台灣的
最佳讀本
【台灣放輕鬆】

◎台灣文史專家莊永明策劃、專文導讀引薦

◎曹永和、許雪姬、張勝彥、吳密察、翁佳音、林瑞明、謝國興等教授群監修

◎中國時報、聯合報、自由時報、民生報、台灣日報等媒體好評報導

1

V1001《正港台灣人》

李懷、張嘉驊著

定價：250元 · 特價：200元

特16開·全彩·遠流出版

本書介紹20位對台灣具有貢獻的外國人，包括馬雅各、甘為霖、馬偕、巴克禮、森丑之助、八田與一、堀內次雄、立石鐵臣、磯永吉……等。雖然他們血緣都不是台灣人，但心繫台灣、研究並建設台灣，他們是比台灣人還要台灣人的「正港台灣人」。

V1002 《台灣心女人》
林滿秋等著
定價：280 元
特16開・全彩・遠流出版

女性的書寫，在歷史上常是缺席的，本書以輕鬆方式介紹20位台灣女性，包括黃阿祿嫂、趙麗蓮、謝綺蘭、蔡阿信、謝雪紅、葉陶、陳進、許世賢、施照子、蔡瑞月、包春琴、陳秀喜、江賜美、證嚴法師、鄧麗君等，從她們在各行各業的奮鬥史，台灣近代史也得以趨向更完整！

V1003 《在野台灣人》
賴佳慧著
定價：280 元
特16開・全彩・遠流出版

台灣人從1920年代起邁入「自覺的年代」，非武裝革命前仆後繼，以爭取民權、以抗議政府施政不當、以啟蒙社會。這股風潮一直持續到戰後以迄現今，本書所介紹的，便是其中20位和平改革的先鋒，包括為臺灣人爭取參政權的林獻堂、蔣渭水，為228殉難的王添燈，為民主自由不畏強權的雷震、魏廷朝……等。他們所彰顯的正是台灣「在野」的民眾，反專制、反強權的奮鬥史。

V1004 《鬥陣台灣人》
林孟欣、鄭天凱 著
定價：280 元
特16開・全彩・遠流出版

他們是造反的土匪？還是反抗異族的英雄？《鬥陣台灣人》從另類有趣的角度切入台灣歷史，讓您從20位民變領袖以及甩掉繡花鞋加入戰鬥的台灣阿媽身上，看見400年來台灣生命力的源頭；讓您在「成者為王敗為寇」和「民族英雄神話」之間，建立新台灣史觀；也讓您對當今族群問題和黑金政治，有了新的詮釋………

V1005 《台灣原住民》
詹素娟等著
定價：280 元
特16開・全彩・遠流出版

你知不知道二十元硬幣上的肖像，不是阿扁也不是阿輝，而是泰雅族的英雄莫那魯道？你曉得平埔族的女巫李仁紀？埔里的番秀才望麒麟？曾經叱吒西台灣的大肚王……？不認識？沒關係，推薦你《台灣原住民》。這是第一本最完整介紹台灣原住民的圖文書，包括平埔族和高山族群的歷史和人物。透過生動的文字和珍貴的圖片，帶你從不同的角度認識台灣。書中各篇章多是由原住民作家或相關領域專家所完成，而且許多內容都是市面上書籍所未有的，十分珍貴。

V1006 《文學台灣人》
李懷、桂華著
定價：320 元
特16開・全彩・遠流出版

文學，是通往夢想世界的鑰匙。《文學台灣人》則是走進台灣文學史的關鍵，藉由訴說20位文學家的故事，來一趟台灣文學的旅程。從明末飄洋過海來的沈光文開始，到本地產的鄉土文學作家王禎和為止。他們的生命即是一部部文學史，他們創作屬於台灣的聲音，書寫下台灣生命力，創造了獨特的台灣文學……。

V1007 《產業台灣人》
林滿秋著
定價：320元
特16開・全彩・遠流出版

產業的定義是什麼？從早期以農林相關生產為主的產業，到後來的製糖、釀酒等加工生產，以至於現代的紡織、鋼鐵等工業和貿易，台灣產業不斷變革中。要了解台灣產業史，先來了解影響產業的人。本書介紹了20位具有靈活經營手法與商業頭腦的產業經營者，包括清代的開墾領袖吳沙、姜秀鑾、黃南球等，還有在現代台灣產業界仍占主要地位的辜顯榮、蔡萬春、吳火獅等企業家族集團創辦人。《產業台灣人》以流暢的文字與精采的圖片，帶你輕鬆認識這些台灣產業界的先驅。

【台灣放輕鬆】
系列規畫說明

編輯部

　　【台灣放輕鬆(Taiwan, Take It Easy)】系列共12冊，介紹台灣400年來的240位人物，分成12類主題。每冊介紹該主題內具代表性質的20位人物，每位人物皆透過「趣味Q&A」、「人物小傳」、「歷史報」、「人物小年表」、「延伸閱讀」等小單元，建構出人物與歷史的多元面貌，設計新穎，兼具知識性及趣味性，適合e世代人快速認識台灣。此外，每冊並有主題導讀，讓讀者在認識台灣時Easy & Fun，卻不膚淺。

　　以下是各單冊介紹：

1 正港台灣人　　　　　　　文/李懷、張嘉驊
介紹20位對台灣貢獻卓著的外國人，包括馬偕、森丑之助、八田與一、堀內次雄、立石鐵臣、磯永吉……等。

2 台灣心女人　　　　　　　文/林滿秋等
介紹20位傑出的台灣女性，包括黃阿祿嫂、陳秀喜、葉陶、謝雪紅、許世賢、包春琴、江賜美、鄧麗君……等。

3 在野台灣人　　　　　　　文/賴佳慧
介紹20位在體制內推動改革者，包括蔣渭水、林獻堂、雷震、魏廷朝、葉清耀、林幼春、黃旺成、林秋梧……等。

4 鬥陣台灣人　　　　　　　文/鄭天凱、林孟欣
介紹20位以武裝形式從事變革者，包括郭懷一、朱一貴、林爽文、施九緞、林少貓、蔡牽、黃教……等。

5 台灣原住民　　　　　　　文/詹素娟等
介紹20位台灣的原住民，包括平埔族與高山族人，如望麒麟、樂信瓦旦、潘文杰、拉荷阿雷、莫那魯道……等。

6 文學台灣人　　　　　　　文/李懷、桂華
介紹20位對台灣社會有影響力的文學家，包括賴和、楊逵、王詩琅、鍾理和、吳濁流、呂赫若、楊喚、吳瀛濤……等。

7 產業台灣人　　　　　　　文/林滿秋
介紹20位工商與拓墾的代表人物，包括吳沙、李春生、張達京、陳炘、陳中和、施世榜、姜秀鑾……等。

8 社會人物 (書名暫定)　　　文/賴佳慧、陳怡方
介紹20位對台灣社會有影響力的仕紳名人，包括施乾、洪騰雲、廣欽老和尚、施合鄭、阿善師……等。

9 執政台灣人　　　　　　　文/林孟欣
介紹20位台灣政治人物，包括劉銘傳、陳永華、王得祿、後藤新平、蔣經國、陳誠、蔣夢麟……等。

10 台灣藝術家 (書名暫定)　　文/王淑津
介紹20位台灣藝術家，包括陳澄波、洪瑞麟、鄧南光、林朝英、江文也、于右任、井手薰、黃土水、陸森寶……等。

11 民間藝術家 (書名暫定)　　文/陳板、石婉舜
介紹20位台灣藝術家，包括葉王、張德成、鄧雨賢、李天祿、陳達、林淵、洪通……等。

12 學術人物 (書名暫定)　　　文/晏山農
介紹20位各領域的學術人物，包括連雅堂、胡適、杜聰明、張光直、吳大猷、蔣碩傑、印順法師、姚一葦……等。

國家圖書館出版品預行編目資料

產業台灣人 / 林滿秋文；曲曲漫畫；陳敏捷繪圖 . -- 初版 . -- 台北市：遠流，2001[民90]
　面；　公分 . -- （台灣放輕鬆；7）
含索引
ISBN 957-32-4489-6(平裝)

　1．企業家 - 台灣 - 傳記

490 . 99232　　　　　　　　90016218